走近生态文明

文学禹 黄艳华 ◎ 编著

湖南社会科学普及

湖南省社会科学普及读物出版资助项目

中南大学出版社

www.csupress.com.cn

·长沙·

前　言

习近平总书记指出："一个没有发达的自然科学的国家不可能走在世界前列，一个没有繁荣的哲学社会科学的国家也不可能走在世界前列。"社会科学是人们认识世界、改造世界的重要工具，是推动历史发展和社会进步的重要力量。加强社会科学的宣传和普及，是弘扬科学精神、繁荣社会科学、提高公众社会科学文化素质、促进人与社会全面发展的客观需要。近年来，湖南社会科学普及工作不断深化，成效显著，通过建立社科普及基地、举办社科普及讲坛、开展咨询展览以及社科普及主题活动周、优秀社科普及读物创作与推荐、社科普及志愿者队伍建设等活动，在提升公众社会科学文化素质、推动社会科学发展方面发挥了积极的作用。

中国特色社会主义进入了新时代。一方面，我国社会主要矛盾已经转化为人民日益增长的美好生活需要和不平衡不充分的发展之间的矛盾。人们对美好的生活需求日益广泛，极大地体现在人们对文化、精神领域有了更高的追求。另一方面，面对社会思想观念和价值取向日趋活跃、主流和非主流同时并存、社会思潮纷纭激荡的新形势，如何巩固马克思主义在意识形态领域的指导地位，培育和践行社会主义核心价值观，巩固全党全国各族人民团结奋斗的共同思想基础，迫切需要哲学社会科学更好地发挥作用。在这个背景之下，社会科学普及工作者应自觉担负起历史使命和时代责任，充分运用"社会科学普及＋"思维，创新社会科学普及形式，在丰富人民群众精神文化生活的同时，对人民群众进行科学的教育、引导和疏导，培育和践行社会主义核心价值观，提高人民群众人文社科素养。

　　面对新形势新任务，湖南省社会科学界联合会、湖南省社会科学普及宣传活动组委会办公室贯彻落实《湖南省社会科学普及条例》，开展湖南省社会科学普及读物出版资助项目，面向在湘工作的社会科学理论工作者和实际工作者征集优秀社会科学普及作品，对获得立项的优秀作品进行资助出版，并认定为湖南省社会科学成果评审委员会省级课题。开展这一项目的目的就是为了激发广大社会科学工作者创作社会科学普及作品的积极性，推出更多更好的优秀社会科学普及作品，把"大道理"变成"小故事"，把学术语言转换成群众语言，把"普通话"和"地方话"结合起来，真正让党的理论政策鲜活起来，让社会科学知识生动起来，让社会科学普及工作"成风化人、凝心聚力"，为实现中华民族伟大复兴的中国梦、建设富饶美丽幸福新湖南凝聚强大的正能量。

　　　　　　　　　　　　　　　　湖南省社会科学界联合会
　　　　　　　　　　湖南省社会科学普及宣传活动组委会办公室
　　　　　　　　　　　　　　　　2019 年 5 月

目　录

第一章 | 生态文明，可持续发展之基

　　进入 21 世纪，我国的政治、社会、经济生活发生了巨大的变化，各方面均取得了长足发展，但随之而来的新情况、新问题以及其所带来的新机遇与新挑战也是空前的。基于生态环境问题日益突出、资源环境保护压力不断加大的新形势，中国共产党十七大报告首次提出了建设生态文明的新理念。党的十八大以来，以习近平同志为核心的党中央始终把生态文明建设作为一项基本国策，倡导绿色发展理念，强调既要金山银山，更要绿水青山，要守土有责，共同呵护我们美丽的生态家园。这是根据我国国情顺应社会发展规律而做出的科学决策，是治国理念的新提升。2017 年 5 月 27 日，为贯彻《中华人民共和国环境保护法》《中共中央关于全面深化改革若干重大问题的决定》，落实《关于划定并严守生态保护红线的若干意见》（以下简称《若干意见》），指导全国生态保护红线划定工作，保障国家生态安全，环境保护部办公厅、国家发展改革委办公厅制定并印发了《生态保护红线划定指南》。

　　2017 年 10 月 18 日，中国共产党第十九次全国代表大会在北京召开。习近平总书记在党的十九大报告中强调，要始终坚持人与自然和谐共生，建设生态文明是中华民族永续发展的千年大计，必须树立和践行绿水青山就是金山银山的理念，坚持节约资源和保护环境的基本国策，像对待生命一样对待生态环境，统筹山水林田湖草系统治理，实行最严格的生态环境保护制度，建设美丽中国。习近平总书记出席 2018 年全国生态环境保护大会并发表重要讲话，强调要自觉把经济社会发展同生态文明建设统筹起来，充分发挥党的领导和我国社会主义制度能够集中力量办大事的政治优势，充分利用改革开放 40 年来积累的物质基础，加大力度推进生态文明建设、解决生态环境问题，坚决打好污染防治攻坚战，推动我

国生态文明建设迈上新台阶。

一、人类文明的演进

人类社会发展是由低级到高级、由简单到复杂的过程，大致经历了原始文明、农业文明、工业文明等阶段，这也是人类社会演进既相互传承又不断发展的历程。

中国文明发展历程表

阶段	特点
农业文明起源	农业起源，形成了多个农业起源中心、以稻谷和小麦为主要粮食作物的生产格局
农耕社会 （16 世纪之前）	农业快速发展，形成了农业产业分布的基本格局
16 世纪至 20 世纪中叶	农业生活一直延续，虽受到战争的破坏，但农业生产模式总体上未发生变革，仍然以粮食作物生产为主，出现了工业文明萌芽与发展
1950—1975 年	农业生产开始恢复，但快速发展的势头受到一些政策制度的限制，工业有了大的发展
1975—1985 年	在制度创新的推动下，中国工业与农业进入高速发展期，出现了第三产业
1985 年至今	工业腾飞，农业发展呈现稳定态势；在宏观政策的促进下，粮食生产仍然是重中之重，第三产业比重逐年增加，人们呼唤生态文明

人类文明的第一阶段是原始文明。这一阶段历经了 170 万～200 万年，大约发生在石器时代。考古发现，中国的原始文明始于距今 170 多万年前的元谋人。在那个时期，人们将粗陋的石器作为生产工具进行物质生产活动，相对地球数千亿吨计的净植物生产力而言，人类的"消费"量几乎可以忽略不计。至原始农业出现，些许的生态破坏也在地球生物圈的自我恢复、自我修复中达到平衡。这一阶

段是人类认识自然、缓慢适应自然的过程，这种人类与生物、环境之间自然有序的协同进化关系，堪称原始"绿色文明"。

第二阶段是农业文明。随着铁器的出现、生产工具和技术的进步，人类利用和改造自然的能力产生了质的飞跃。与此同时，生态问题也日渐凸显。总体来看，这一时期人类对自然的认知能力和水平不断提升。但是，由于农业的过度开发，人类的发展对自然生态的负面作用也渐渐扩大，因此而导致的人类文明衰落变故屡见不鲜。这一阶段大约经历了一万年，体现为人类不断积累知识与经验，不断提升能力并不断尝试征服自然。

第三阶段是工业文明。虽然这一时期历时短，但其物质财富生产能力与生态破坏能力却是前期文明无法比拟的。18 世纪的英国工业革命开启了人类生活的现代化进程，人类征服自然的运动规模空前，为满足生存的需要，人类近乎疯狂地掠夺自然资源。据世界银行统计，整个 20 世纪，人类消耗了约 1420 亿吨石油、2650 亿吨煤、380 亿吨铁、7.6 亿吨铝、4.8 亿吨铜。占世界人口 15% 的工业发达国家，消费了全球 56% 的石油、60% 以上的天然气和 50% 以上的重要矿产资源。工业文明近乎疯狂的掠夺与破坏让人触目惊心，对大自然的影响不可估量，恶化了人类的生活居住环境。这一时期，人类开始意识到，人的生命是有限的，地球的资源也是有限的，人类活动不能无度。由于遭遇前所未有的生存与发展危机，生态文明及生态文明建设这一命题应运而生。

在注疏《尚书》时，孔颖达对"文明"做了阐释，他认为"经天纬地曰文，照临四方曰明"。而在中国传统文化中，"经天纬地"意为改造自然，属物质文明；"照临四方"意为驱散愚昧落后，属精神文明。

在西方文化中，"文明"产生之初就是"城邦"的代称，作为与"野蛮"相对立的形容词而出现，标志着人类社会进步的状态。

二、生态文明的萌发

作为人类文明的一种新形态，生态文明是近代人类文明发展的新成果，从字面上看，"生态文明"由"生态"与"文明"两个词复合而成。一般来讲，生态是一切生物的生存、生活状态，即在一定的生长环境下，生物为了生存与发展，相互间关联、依存的状态，它按照自在自为、客观存在的发展规律存在并延续至今。作为自然发展的产物，人类是生物圈的自然组成部分，不过，人的生理能力与许多动物相比非常的弱小，如猎豹奔跑的速度、狗嗅觉的灵敏度、蝙蝠的超声波定位等都是人类望尘莫及的。为了生存与繁衍，人类以群居方式生活，以自身的劳动发展自己，逐渐形成了特有的思维能力与主观能动性，并通过发展思维与主观能动性，提升了自己的行为能力，借助于外部工具，逐渐走到了当前世界生物金字塔的最顶层。

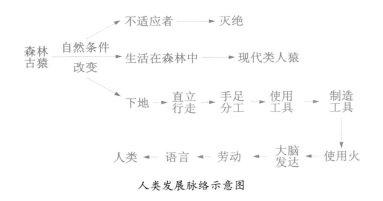

人类发展脉络示意图

作为人类求生存、求发展的成果，文明是人类社会特有的一种状况，反映着人类改造物质世界的精神成果，是人类社会发展和社会进步的标志，体现着人类特定阶段的发展水平和文化状态。

作为一种理念及其指导下的行为表现，生态文明，顾名思义就是一种可持续的发展与生活，是人类在改造客观物质世界的同时，不断克服改造过程中的负面效应，积极改善和优化人与自然、人与人的关系，创建有序的生态运行机制和良好的生态环境，并从中取得的物质、精神和制度方面成果的总和。

脑力大激荡

①生态的定义是什么?
②文明的定义是什么?
③什么是生态文明?

生活小贴士

(1)大气循环:大气层物质和热量的循环性流动,主要形式是大气对流。

(2)水环境:人类所处地表空间中水圈的所有水体、水中悬浮物及溶解物的总称。水环境系统包括海洋、湖泊、河流、沼泽等,它们都具有一定的自净能力或环境容量。

(3)水循环:自然界的水在水圈、大气圈、岩石圈、生物圈等四大圈层间通过各个环节连续运动的过程。

(4)碳循环:碳元素在自然界的循环状态。地球上最大的两个碳库是岩石圈和化石燃料,约占地球碳总量的99.9%。接着是大气圈、水圈和生物圈,这三个圈的碳库容量小而活跃,起着交换库的作用。生物圈的碳循环主要表现为绿色植物从空气中吸收二氧化碳,经光合作用转化为葡萄糖,并释放氧气。

生态加油站

碳足迹标示的是个人或团体的"碳耗用量"。每个人都在天空中不断增多的温室气体中留下了自己的"碳"痕迹,"碳"耗用得越多,二氧化碳也制造得越多,"碳足迹"就越大。

依据中国国情,结合国际通例,计算"碳足迹"的基本公式如下:

居家用电的二氧化碳排放量(kg) = 耗电量(kW·h) ×0.785 ×可再生能源电力修正系数;

开车的二氧化碳排放量(kg) = 油耗(L) ×2.7;

乘坐短途飞机旅行(200 km 以内)的二氧化碳排放量(kg) = 距离(km)

×0.275×该飞机的单位客舱人均碳排放；

乘坐中途飞机旅行(200～1000 km)的二氧化碳排放量(kg) = 55 + 0.105 ×[距离(km) -200]；

乘坐长途飞机旅行(1000 km 以上)的二氧化碳排放量(kg) = 距离(km) ×0.139。

碳补偿是指通过植树或其他吸收二氧化碳的行为，对自己产生的碳足迹进行一定程度的补偿。需补偿树的数目按照 30 年冷杉吸收 111 kg 二氧化碳来计算。例如：如果你乘飞机旅行 2000 km，你就排放了 278 kg 的二氧化碳，需要种植三棵树来抵消；如果你用了 100 kW·h 电，你就排放了 78.5 kg 的二氧化碳，需要种植一棵树来抵消……

三、生态文明的内涵

生态文明，是人类遵循人与自然和谐发展规律，推进社会、经济和文化发展所取得的物质与精神成果的总和，是以人与自然、人与人和谐共生、全面发展、持续繁荣为基本宗旨的文化伦理形态。它建立在对物质文明进行反思的基础上，是人类对人与自然关系的重新审视和升华。其内涵具体包括以下几个方面。

一是和谐的文化价值观。人类应发挥自己的主观能动性，建立符合自然生态法则的文化价值需求，深刻体悟到自然是人类生命的依托，破坏自然就是破坏人类自己的家园，自然的消亡也必然导致人类自身无法生存，导致生命系统的消亡。体悟生命、尊重生命、爱护生命，并不是人类对其他生命存在物的施舍，而是人类自身生存、发展和进步的需要，我们应把对自然的爱护提升为一种不同于人类中心主义的宇宙情怀和内在精神信念。

二是可持续生态生产观。资源，特别是不可再生资源是有限的，而人类可支配的资源更加有限，人类盲目地开发、使用、浪费资源无异于集体自杀。生态文明要求人类遵循生态系统是有限的、有弹性的和不可完全预测的原则，在人类的生产劳动中，应秉持最大节约、对环境影响最小和再生循环利用率最高的理念。

三是适度的消费生活观。倡导生态文明并非阻止人类正常的消费与生活，而是提倡人们以"有限福祉"的生活消费方式替代过去的不合理的生活消费方式。人们的生活追求不应是对物质财富的过度享受，而应是既满足自身正常生活的需要又不破坏自然生态平衡，既满足当代人的生存与发展需要又不损害后代人继续生存、发展的基础。这种公平、平衡和共享的道德理念，应成为人与自然、人与人之间和谐发展的规范。

在时间维度上，生态文明是一个动态的历史过程。人类发展的各个阶段始终面临人与自然的关系这一永恒难题，生态文明建设永无止境。正确处理人与自然的关系的前提是尊重自然，尊重自然才能顺应自然、保护自然。建立在人类自发、自觉基础上的尊重自然是生态文明的本质要求。尊重自然不是作秀，不是一时一次一事的表达，而是建立在人类基于自身生存发展认知上的，从内心深处老老实实地承认人是自然的一部分，不可能也不能跳出自然而独立地存在；是对自然怀有敬畏之心、感恩之情、共存之举，坚决改变、消除已有的凌驾于自然之上的狂妄想法与胡作非为。顺应自然，就是要使人类的活动符合而不是违背自然界的客观规律。当然，顺应自然不是任由自然驱使、停止发展甚至重返原始状态，那样只会阻碍人类与自然的共同发展。正确而合理的顺应自然应该是在按客观规律办事的前提下，充分发挥人的能动性和创造性，科学合理地开发利用自然。"桃李不言，下自成蹊。"我们要在顺应自然的基础上利用好自然、开发好自然、保护好自然。保护自然就是要在向自然界获取生存和发展之需的同时，有序、节制地开发与利用自然，呵护自然，将人类活动控制在自然能够承受的限度之内，最大限度地利用资源而不是粗放地生产与经营、浪费而无节制地消耗自然资源，要给自然留下恢复元气、休养生息、资源再生的时间与空间，实现人类对自然获取和给予的平衡，多还旧账，不欠新账，防止出现生态赤字和人为造成的不可逆的生态灾难。

就目前而言，生态文明是人类社会与自然界和谐共处、良性互动、持续发展的一种高级形态的文明境界，是按照可持续的科学发展观的要求，走出一条低投入、低消耗、少排放、高产出、能循环、可持续的新型发展道路，形成节约资源和保护环境的空间格局、产业结构、生产方式和生活方式。在人类的发展进程中，处理人与自然的关系就是一个不断实践、不断认识的解决矛盾的过程，旧的矛盾解决了，新的矛盾又会产生，循环往复，只要坚持尊重自然的"初心"，坚守发展与保护同行的"本心"，就能促进生态文明不断从低级阶段向高级阶段进步，从而推动人类社会持续向前发展，保障人们健康幸福的生活。建设生态文明，就是让教育先行、意识与行动共进，让人们自觉地与自然界和谐相处，形成人类社会可持续的生存和发展方式。

生态加油站

瓦尔登湖（节选）

这是一个美妙的晚上，我的身体似乎只感觉到每个毛孔都在吮吸着幸福，真是奇妙的感觉啊！我和自然融合为一体。我穿着衬衫在到处是石头的湖滨散步，乌云密布，又凉风习习，湖边十分清凉，但我并没有发现什么特别吸引人的地方，自然中的一切都与我如此和谐。牛蛙用叫声迎来了黑夜，微风使湖水掀起一层细微的波浪，还带来了夜莺的歌声。桤木和白杨摇晃着，激发了我的情感，使我激动得几乎无法呼吸，但是就像湖面一样，我宁静得只有细微的波浪，没有起伏，晚风激荡起的涟漪就像宁静的湖面一样，离风暴还远呢。虽然天色暗淡，但是风还在吹拂着森林，波浪还在拍打着岸边，有些动物还在歌唱，似乎在为别的动物唱催眠曲。当然不会有完全的宁静。最凶狠的动物还没睡觉，它们还在寻找猎物；狐狸、臭鼬和兔子还在田野和森林中游荡，根本没有畏惧的感觉。它们是大自然的更夫，是联系生机盎然的白昼的桥梁。

　　美国作家梭罗在美国最好的学校(哈佛大学)接受了大学教育，却自愿到荒凉的瓦尔登湖边隐居，过着像原始部落般的简单的生活。散文集《瓦尔登湖》描述了他在瓦尔登湖湖畔一片再生林中度过的两年又两个月的日子里的所见、所闻和所思。该书出版于1854年，它告诉我们，当自然离我们越来越远的时候，当我们的精神越来越麻木的时候，我们的心灵如何才能回归纯净。

四、生态文明的价值

"我们的人民热爱生活，期盼有更好的教育……人民对美好生活的向往，就是我们的奋斗目标。"习近平总书记在十八届一中全会后中央政治局常委与中外记者见面会上，把"人民对美好生活的向往"列为我们奋斗的目标。加强生态文明教育与建设，改善人们的生存与发展环境，理所当然就是我们的奋斗目标。习近平总书记在十九大报告中再次发出号召，"加快生态文明体制改革，建设美丽中国"。生态文明强调的就是要处理好人与自然的关系，获取有度，既要利用又要保护，促进经济发展、人口、资源、环境的动态平衡，不断提升人与自然和谐相处的文明程度。

建设生态文明其实就是把可持续发展提升到绿色发展的高度，建设人类文明新形态。面对资源约束趋紧、环境污染严重、生态系统退化的严峻形势，我们必须树立为后人"乘凉"而"种树"的发展理念，也就是尊重自然、顺应自然、保护自然的生态文明理念，走可持续发展的道路。

在总结人类文明发展规律的基础上，在中国发展进程的探索中，中国共产党人以前瞻性的眼光、敏锐的观察力，洞悉发展中出现的新情况、新问题、新变化，并适时提出实事求是的解决方案。特别是党的十八大以来，以习近平同志为核心的党中央站在战略和全局的高度，对生态文明建设和生态环境保护提出了一系列新思想、新论断、新要求，为努力建设美丽中国，实现中华民族永续发展，走向社会主义生态文明新时代，指明了前进方向和实现路径。习近平同志指出，建设生态文明，关系人民福祉，关乎民族未来。他强调，生态环境保护是功在当代、利在千秋的事业。要清醒认识保护生态环境、治理环境污染的紧迫性和艰巨性，清醒认识加强生态文明建设的重要性和必要性，以对人民群众、对子孙后代负责的态度和高度，真正下决心把环境污染治理好、把生态环境建设好。这些重要论断，深刻阐释了推进生态文明建设的重大意义，表明了我党加强生态文明建设的坚定意志和坚强决心。习近平总书记在党的十九大报告中也明确指出，建设生态文明是中华民族永续发展的千年大计，必须树立和践行绿水青山就是金山银山的理念，坚持节约资源和保护环境的基本国策，像对待生命一样对待生态环境，统筹山水林田湖草系统治理，实行最严格的生态环境保护制度，形成绿色发展方式和生活方式，坚定地走生产发展、生活富裕、生态良好的文明发展道路，建设美丽中国，为人民创造良好生产生活环境，为全球生态安全做出贡献。

　　生态文明建设是经济持续健康发展的关键保障，是民意所在、民心所向，是党提高执政能力的重要体现。一部人类文明的发展史，就是一部人与人、人与自然、人与社会的关系史。自然生态的变迁、人类生存环境的变化决定着人类文明的兴衰。改革开放40多年来，我国经济总量虽然已跃升为全球第2位，人均GDP虽然超过5000美元，但面临的生态问题却日益突出。党的十八大把生态文明建设提高到与经济建设、政治建设、文化建设、社会建设并列的位置，形成了中国特色社会主义五位一体的总体布局。这既标志着我国开始走向社会主义生态文明新时代，也标志着中国特色社会主义理论体系更加成熟，中国特色社会主义事业总体布局更加完善。党的十九大报告指出，十八大以来的五年，大力度推进生态文明建设，全党全国贯彻绿色发展理念的自觉性和主动性显著增强，忽视生态环境保护的状况明显改变；生态文明制度体系加快形成，主体功能区制度逐步健全，国家公园体制试点积极推进；全面节约资源有效推进，能源资源消耗强度大幅下降。重大生态保护和修复工程进展顺利，森林覆盖率持续提高；生态环境治理明显加强，环境得到改善；加强应对气候变化国际合作，成为全球生态文明建设的重要参与者、贡献者、引领者。党的十九大报告指出，过去的五年中，党和国家统筹推进"五位一体"总体布局，协调推进"四个全面"战略布局，"十二五"规划胜利完成，"十三五"规划顺利实施，党和国家事业全面开创新局面。因此，十九大更加强调在新时代中国特色社会主义思想中应明确中国特色社会主义事业总体布局是"五位一体"，应统筹推进"五位一体"总体布局。总的来说，生态文明建设对于国家而言有以下四大意义。

（一）建设生态文明是实现中华民族伟大复兴的根本保障

　　历史的教训告诉我们，一个国家、一个民族的崛起必须有良好的自然生态做保障。随着生态问题的日趋严峻，生存与生态从来没有像今天这样联系紧密。

（二）大力推进生态文明建设，实现人与自然和谐发展，已成为中华民族伟大复兴的基本支撑和根本保障

　　建设生态文明是发展中国特色社会主义的战略选择。90多年来，我党的理论创新发生了两次历史性飞跃。第一次是在新民主主义革命时期，形成了毛泽东思想。第二次是在党的十一届三中全会以后，形成了中国特色社会主义理论体

系。马克思曾经指出，问题就是时代的口号。这两次理论上的飞跃，都是为了解决时代面临的突出问题。在这两大理论成果的指导下，我们党取得了新民主主义革命胜利，确立了社会主义基本制度，开创了中国特色社会主义道路。

(三)建设生态文明是推动经济社会科学发展的必由之路

随着我国经济快速发展，资源约束趋紧、环境污染严重、生态系统退化的现象十分严峻，经济发展不平衡、不协调、不可持续的问题日益突出，这就要求我们必须树立尊重自然、顺应自然、保护自然的生态文明理念，把生态文明建设融合贯穿到经济、政治、文化、社会建设的各方面和全过程，大力保护和修复自然生态系统，建立科学合理的生态补偿机制，形成节约资源和保护环境的空间格局、产业结构、生产方式及生活方式，从源头上扭转生态环境恶化的趋势。

(四)建设生态文明是顺应人民群众新期待的迫切需要

随着人们生活质量的不断提升，人们不仅期待安居、乐业、增收，更期待天蓝、地绿、水清；不仅期待殷实富庶的幸福生活，更期待山清水秀的美好家园。生态文明发展理念，强调尊重自然、顺应自然、保护自然；生态文明发展模式，注重绿色发展、循环发展、低碳发展。大力推进生态文明建设，既为顺应人民群众新期待而做出的战略决策，也为子孙后代永享优美宜居的生活空间、山清水秀的生态空间提供了科学的世界观和方法论，是顺应时代潮流、契合人民期待的。

生态加油站

大气层像一座高大却又独特的"楼宇"，每一层的成分、温度、密度等物理属性在垂直方向上都有变化，自下而上依次分为对流层、平流层、中间层(电离层)、暖层、外大气层(散逸层)。刮风下雨、云遮雾绕、大雪纷飞都是在对流层经常发生的现象。两极附近能看到的美丽而多变的极光，则是在中间层(电离层)发生的现象。

大气层是地球得天独厚的一件理想外衣。有了这件外衣，大气层里的二氧化碳可为植物提供养料；有了这件外衣，地面在白天不会被太阳晒得太热，晚上也不会变得过冷，可为人类创造适宜生存的良好环境。这件外衣还像一件盔甲，可以抵挡陨石和宇宙射线、紫外线的袭击，保护我们的安全。

脑力大激荡

①简述大气层和大气层中的平流层的主要特点。

②大气层大体上分为五层，按自下而上的顺序，最后一层的名称叫_____。

③对流层中刮风下雨是经常的事，其原因是什么？

④大气层对地球的作用，除"大气层里的二氧化碳可为植物提供养料"外，还有两项，分别是什么？

第二章 | 环境污染，生态文明之敌

良好生态环境是实现中华民族永续发展的内在要求，是增进民生福祉的优先领域。加强水、大气、土壤等污染防治，改善城乡居民居住环境，关系到人民群众的切身利益和中华民族的生存发展，我们要坚定不移地推进生态文明建设，守护蓝天白云，留住青山绿水，造福子孙后代。因此，中共中央、国务院为了深入学习贯彻习近平新时代中国特色社会主义思想和党的十九大精神，在决胜全面建成小康社会的关键时期，为了全面加强生态环境保护，打好污染防治攻坚战，提升生态文明，建设美丽中国，特提出《关于全面加强生态环境保护　坚决打好污染防治攻坚战的意见》。

一、甘甜净水难以寻觅

清澈、甘甜的水是万物的生命之源，不论是动物、植物，还是我们人类，都离不开它。生命离不开水：因为有水，小草才挺直了腰；因为有水，花儿才绽开了笑脸；因为有水，禾苗才抬起了头；因为有水，地球才充满了勃勃生机。然而，步入工业文明以后，特别是近年来，过度的矿山开采和工业废渣排放导致水污染问题日益严重。因此，当前应深入实施水污染防治行动计划，扎实推进河长制、湖长制，坚持污染减排和生态扩容两手发力，加快工业、农业、生活污染源和水生态系统整治，保障饮用水安全，消除城市黑臭水体，减少污染严重水体和不达标水体。

（一）水污染的含义

水污染是指水体因某种物质的介入而导致化学、物理、生物或放射性等方面发生改变，造成水质恶化，从而影响水的有效利用，危害人体健康或破坏生态环境的现象。

（二）水污染的类型

进入 20 世纪以来，随着现代工业的发展，大量排放的各种废水使自然水系受到严重污染，水质普遍下降。典型的水污染大致分为以下几类：

1. 病原微生物污染

病原微生物污染指病原微生物排入水体后，直接或间接地使人感染或传染各种疾病。其主要来自城市生活污水、医院污水、垃圾及地面径流等。病原微生物的水污染危害历史悠久，是严重威胁人类健康和生命的水污染类型之一。

2. 需氧有机物污染

需氧有机物包括碳水化合物、蛋白质、油脂、氨基酸、脂肪酸、酯类等有机物。含病原微生物的污水中，一般均含需氧有机物，因为它能提供病原微生物所需要的营养。需氧有机物没有毒性，在生物化学作用下易于分解，分解时消耗水中的溶解氧，故称需氧有机物。水体中需氧有机物愈多则耗氧愈多，水质愈差，水体污染愈严重。

3. 富营养化污染

富营养化污染主要指水流缓慢、更新期长的地表水体因接纳大量的氮、磷、有机碳等植物营养素引起的藻类等浮游生物急剧增殖的水体污染。当水体出现富营养化时，在适宜的外界环境条件下，水中的藻类及其他水生生物异常繁殖，以致发生红色、褐色或绿色的"水华"现象。工业废水、生活污水和含氮、磷等营养元素的农业退水大量进入水体，导致水体富营养化，对水体自身的生态结构、功能带来不利影响。

①讲一讲，造成湖泊富营养化的来源主要有哪些。

②谈一谈，湖泊富营养化的危害有哪些。

4. 恶臭污染物

恶臭是一种普遍的污染公害，我国及日本环保法均将其列为公害之一。它也发生于污染水体之中。人能嗅到的恶臭物达 4000 多种，其中危害大的有几十种，主要来自金属冶炼、炼油、石油化工、塑料、橡胶、造纸、制药、农药、化肥、颜料、皮革等工业生产过程。我国黄浦江就曾受到有机物的严重污染，1964 年以来，每年夏天都出现恶臭，1978 年出现恶臭的天数多达 100 多天。

5. 有毒物污染

有毒物污染主要是由重金属、氰化物、氟化物和难分解的有机污染物造成的，它们大多来自矿山、冶炼废水，富集在生物体中，通过食物链危害人类健康。例如：污染水体的重金属主要有汞、镉、铅、铬、钒、钴、钡等。其中汞的毒性最大，镉、铅、铬也有较大危害。砷由于毒性与重金属相似，经常与重金属列在一起。重金属在工厂、矿山生产过程中随废水排出，进入水体后不能被微生物降解，经食物链的富集作用，能逐级在较高级生物体内千百倍地增加含量，最终进入人体。20 世纪 50 年代发生在日本的水俣病事件，就是起因于水俣市一家化工厂排出的废水中含有甲基汞，废水排入港湾，汞经食物链富集到鱼、贝体中，人吃了被污染鱼、贝而中毒发病，其临床表现为大脑皮质器官受损，主要症状有隧道视野、运动失调震颤、语言障碍等，导致水俣病患者语言不清，走路不稳，四肢麻木，严重的眼睛失明，吞咽困难，甚至死亡。

6. 酸碱污染

酸碱污染是指各种酸碱盐无机化合物进入水体，使淡水 pH 改变，影响水质。碱污染主要来自造纸、化纤、制碱、制革及炼油废水；酸污染主要来自工业废水（造纸、制酸、粘胶纤维等工业）、矿山排水、酸性降水。水体的 pH 小于 6.5 或大于 8.5 时，会使水生生物受到不良影响，严重时造成鱼虾绝迹。同时水体含盐量增高，影响工农业用水及生活用水的水质，用其灌溉农田会使土地盐碱化。

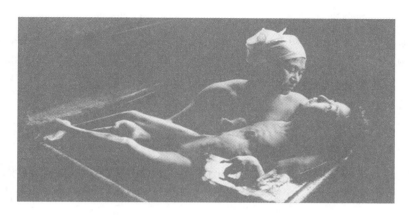

汞污染下的残疾：这是一幅令人震颤的画面，全身扭曲畸形的女儿绝望的脸以及母亲慈爱的神情在这里剧烈冲突着，爱与恨的交织表达了对环境污染现状的控诉

（尤金·史密斯摄于日本水俣，曾获 1972 年世界新闻摄影比赛大奖）

7. 油污染

油污染是在石油的开采、贮运、炼制及使用过程中，由于原油和各种石油制品进入环境而造成污染。当前，石油对海洋的污染，已成为世界性的严重问题。近年来，一般每年排入海洋的石油及其制品高达 1000 万吨左右。一旦石油进入海洋，将形成大片油膜，造成严重污染。第一，这层油膜将大气与海水隔开，减弱了海面的风浪，妨碍空气中的氧溶解到海水中，使水中的氧减少，同时由于油膜的阻挡，阳光无法穿透海水，影响海洋绿色植物的光合作用。第二，石油会和海水中的氧进行氧化分解，使得海水中的氧被大量消耗，也会导致鱼类和其他生物难以生存。第三，黏度大的石油还会堵塞水生动物的呼吸和进水系统，使之窒息死亡，同时石油的高黏性还会导致海兽、海鸟失去游泳和飞行的能力，最终导致这些动物行动受制、困死其中。第四，有相当部分的原油，将被海洋微生物消化分解成无机物，由于石油的各种成分都有一定毒性，因此会破坏生物的正常生活环境，造成生物机能障碍。

8. 热污染

热污染是指热流出物排入水体，使水温升高，溶解氧减少，影响水质，危害水生物。天然水水温随季节、天气和气温而变化。当水温超过 35℃时，大多数水生物不能生存。水体热污染主要来自一些动力工业以及冶金、化工、造纸等工业的冷却水，如发电站等的冷却水。

9. 放射性水污染

放射性水污染是由于放射性物质进入水体造成的，主要来源于原子能工业排放的废物（如核电站冷却水）、核武器试验沉降物、医疗和科研放射性物质。水中放射性物质可转移到水生生物和粮食蔬菜中，对人体造成损伤。

（三）水污染的危害

1. 对人体健康的危害

据世界权威机构调查，在发展中国家，各类疾病中有80%与饮用水水质不良有关，每年因饮用不卫生的水至少造成全球2000万人死亡，水污染被称作"世界头号杀手"。

生物性污染主要会导致一些传染病，如饮用不洁的水可引起伤寒、霍乱、细菌性痢疾、甲型肝炎等传染性疾病。此外，人们在不洁的水中活动，水中病原体亦可经皮肤、黏膜侵入机体，如血吸虫病、钩端螺旋体病等。物理性和化学性污染会致人体遗传物质突变，诱发肿瘤和造成胎儿畸形。水中如含有丙烯腈会致人体遗传物质突变；水中如含有砷、镍、铬等无机物和硝胺等有机污染物，可诱发肿瘤的形成；甲基汞等污染物可通过母体干扰正常胚胎发育过程，使胚胎发育异常而出现先天性畸形。

生态加油站

哭泣的癌症村

"癌症村"这个概念的提出已有一些年头了，主要指在某一固定空间（如乡村）的固定人口中，有一定数量的人口罹患同一种癌症或某一癌症在该空间内的发病率骤增。根据流行病学分析，这种癌症与生存环境有一定联系。

世界银行资助的一项研究结果显示，中国农民死于肝癌的比率接近全球平均水平的四倍。近几年，中国癌症村在逐年增加，从空间上来看分布很不均匀，除西藏、青海、甘肃、宁夏四省（区）尚未发现癌症村外，全国其他省（区）都有分布，这些省（区）的癌症村数量也相差悬殊。

如广东省翁源县的上坝村。自从大宝山矿开采以来，大量含有镉、铅、铬等多种重金属的洗矿废水，没有经过任何处理就被排到流经上坝村的横石河中。由于没有有效处理，矿坑表土完全氧化后每吨产生207千克浓硫酸，和大量重金属一起随土流失，污染了水体。矿区附近的横石河河道 1.5 千米范围内未发现生物，直到下游 50 千米处，水中生态系统仍未能恢复。村民每天通过饮食，仅镉的摄入量就达 178 微克，是世界卫生组织规定标准的 3.6 倍。从 20 世纪 80 年代初起，全村共有 210 人死于癌症，癌症发病率是全国平均水平的 9 倍多。

关于"癌症村"的形成，目前尚未有官方的正式说明，但是从现有的报道中不难发现，绝大部分"癌症村"的形成都与现代工业污染密不可分，尤其与化工厂、印染厂、造纸厂、制药厂、皮革厂、酒精厂、发电厂、石灰窑等工业生产带来的污染关系最为密切。

2. 对农业、渔业的危害

引用含有有毒、有害物质的污水直接灌溉农田，将导致农田污染和土壤肥力下降，土壤原有的良好的结构被破坏，以致农作物品质降低，减产甚至绝收。尤其是在干旱、半干旱地区，引用污水灌溉，在短期内可能会出现农作物产量提高的现象，但在粮食作物、蔬菜中往往会积累超过允许含量的重金属等有害物质，通过食物链危害人的健康。水环境质量对渔业生产具有直接的影响。天然水体中的鱼类与其他水生生物由于水污染而数量减少，甚至灭绝；淡水渔场和海水养殖业也因水污染而使鱼的产量减少。海洋污染的后果也十分严重。

3. 对工业生产的危害

水质污染后，工业用水必须投入更多的处理费用，造成资源、能源的浪费，食品工业用水要求更为严格，水质不合格会使生产停顿。这也是导致工业企业效益不高、质量不好的因素之一。

二、清新空气无法保持

空气与人类的生存是息息相关的，它直接参与人体的气体代谢、物质代谢和体温调节等过程。一个人每天呼吸的空气约为1万多升，折合质量约为12.9 kg，约为每天所需食物和饮水量的10倍。随着现代工业和交通的迅猛发展，烟尘和汽车尾气等的排放超越了大气的自净界限，接踵而至的便是一个十分严峻的问题——大气污染。如何减少重污染天数？如何改善大气环境质量？又如何打赢这场蓝天保卫战来增强人民的蓝天幸福感？这些发生在我们身边的大气污染类型有很多，你又了解多少？你知道造成大气污染的原因是什么吗？大气被污染了，对我们会有怎样的影响？现在就让我们带着这些问题，来进行学习吧。

（一）大气及大气污染

大气就是我们通常所讲的空气，是由干洁空气、水汽、悬浮颗粒等多种气体混合组成的，我们赖以生存和发展的物质。地球的最外层被一层约 5×10^{15} t 的混合气体包围着。在自然地理学上，这层气体称为大气圈。地球上的所有生物都生活在大气圈中。大气圈不仅提供了生命活动所需要的大气，而且还是生物生存的保护层，对人类有重大作用。

大气污染是由于自然和人为的原因，尤其是在一定的局部空间范围内，大气的某些成分明显地增加或减少的现象。通常所说的大气污染，是指某些有害物质排放到大气中，其数量、浓度和存留时间都超过了环境所能允许的极限。即超过了空气的稀释、扩散和净化能力，使大气质量恶化，给该地区的人体、动植物以及其他物品带来直接或间接的不良影响。

脑力大激荡

看下面的图，并认真思考。
①你知道我国发射的"神舟"十一号飞船在大气层中的哪一层升上太空吗？
②你能说说大气温度垂直分布的规律吗？
③如果没有大气，地球会变得怎样？

没有大气，声音会无法传播

没有大气，地球会
容易受到陨石的侵袭

没有大气，
地球上将会没有生命

没有大气，天气会没有变化

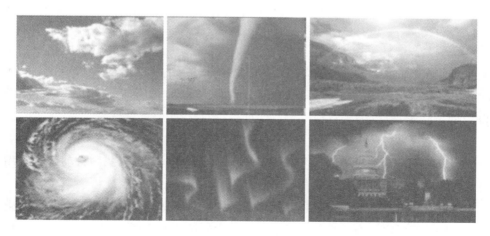
大气就在我们身边

（二）大气污染物

大气污染物通常指以气态形式进入近地面或低层大气环境的外来物质。如氮氧化物、硫氧化物和碳氧化物以及飘尘、悬浮颗粒等，有时还包括甲醛、氡以及各种有机溶剂，其对人体或生态系统具有不良效应。目前已知的大气污染物有100多种。根据大气污染物的存在状态，可大致将其分为两大类。

一类是颗粒污染物。根据物理性质的不同，颗粒污染物可分为如下几种：

1. 粉尘

指悬浮于气体介质中的细小固体粒子。通常是由于固体物质的破碎、分级、研磨等机械过程或土壤、岩石风化等自然过程形成的。粉尘粒径一般为 1 ~ 200 μm。大于 10 μm 的粒子在重力作用下能在较短时间内沉降到地面，称为降尘；小于 10 μm 的粒子能长期在大气中飘浮，称为飘尘。

2. 烟

通常指由冶金过程形成的固体粒子的气溶胶。在工业生产过程中总是伴有诸如氧化之类的化学反应，熔融物质挥发后生成的气态物质冷凝时便生成各种烟尘。烟的粒子是很细微的，粒径范围一般为 0.01 ~ 1 μm。

3. 飞灰

指由燃料燃烧后产生的烟气带走的灰分中分散的较细的粒子。灰分是含碳物质燃烧后残留的固体渣，在分析测定时假定它是完全燃烧的。

4. 黑烟

通常指由燃烧产生的能见的气溶胶，不包括水蒸气。黑烟的粒径范围为 0.05 ~ 1 μm。

5. 雾

在工程中，雾一般指小液体粒子的悬浮体，一般由于液体蒸汽的凝结、液体的雾化以及化学反应等而形成，如水雾、酸雾、碱雾、油雾等。雾滴的粒径小于 200 μm。

6. 总悬浮颗粒物

指大气中粒径小于 100 μm 的所有固体颗粒。这是为适应我国目前普遍采用的低容量滤膜采样法而规定的指标。

另一类是气态污染物，主要包括含硫化合物、碳氧化合物、含氮化合物、碳氢化合物、卤素化合物。对大气污染威胁较大的污染物主要有硫化合物、碳氧化

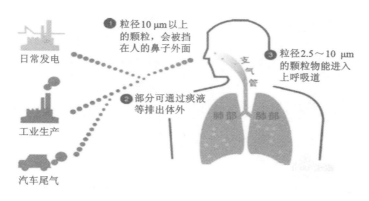

① 粒径10 μm以上的颗粒，会被挡在人的鼻子外面

③ 粒径2.5～10 μm的颗粒物能进入上呼吸道

② 部分可通过痰液等排出体外

日常发电

工业生产

汽车尾气

支气管

肺部 肺部

常见的空气污染物

合物、含氮化合物、碳氢化合物及悬浮颗粒物。这些污染物主要来源于建筑工地、农业生产、交通运输和物质燃烧等方面。

随着人类经济活动和生产的迅速发展，在大量消耗能源的同时，也将大量的废气、烟尘物质排入大气，不仅严重影响了大气环境的质量，而且污染范围也在不断扩大。

(三)扬尘污染

扬尘污染，是指泥地裸露以及在房屋建设施工、道路与管线施工、房屋拆除、物料运输、物料堆放、道路保洁、植物栽种和养护等人为活动中产生的粉尘颗粒物对大气造成的污染。易产生扬尘污染的物料主要有煤炭、道路浮土、耕地土壤、城市裸露地面、绿化超高土、砂石、灰土、灰浆、灰膏、建筑垃圾、工程渣土等。

扬尘污染对人体的危害很大。从人体来看，吸入较高浓度粉尘可引起以肺部弥漫性、进行性纤维化(尘肺)为主的全身疾病。如吸入的铅、铜、锌、锰等毒性粉尘，可在支气管壁上溶解而被吸收，由血液带到全身各部位，引起全身性中毒：铅中毒是慢性的，但中毒者如果发烧，或者吃了某些药物和喝了过量的酒，也会引起中毒的急性发作；过量吸入铜的烟尘可能导致溶血性贫血；锌在燃烧时产生氧化锌烟尘，人吸入后会发生一种类似疟疾的金属烟雾热的疾病；吸入含有锰及其氧化物的粉尘或烟雾，将对中枢神经系统、呼吸系统及消化系统发生不良作用。从人体局部来看，接触或吸入粉尘，首先会使皮肤、角膜、黏膜等产生局部

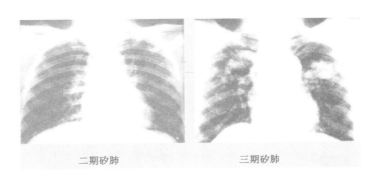

二期矽肺　　　　　三期矽肺

矽肺病的主要症状是咳嗽、咳痰，少数患者可痰中带血。半数以上的患者感觉针刺样胸痛，阴雨天及气候多变时疼痛更明显。同时有胸闷、憋气、头晕、乏力、心悸、食欲减退等症状

的接触性病变。如粉尘作用于呼吸道，早期可引起鼻腔黏膜机能亢进、毛细血管扩张，久而久之便形成肥大性鼻炎，最后由于黏膜营养供应缺乏而形成萎缩性鼻炎。此外，还可形成咽炎、喉炎、气管及支气管炎。粉尘作用于皮肤时还可形成粉刺、毛囊炎、脓皮病，如铅尘侵入皮肤，会导致皮肤上出现一些小红点，称为"铅疹"等。

(四)汽车尾气污染

　　随着经济的高速发展，在 21 世纪的今天，汽车成为人类不可缺少的交通工具，但汽车尾气却是大气的主要污染源。

　　汽车尾气污染物主要包括：一氧化碳、碳氢化合物、氮氧化合物、二氧化硫、烟尘微粒(某些重金属化合物、铅化合物、黑烟及油雾)、臭气(甲醛等)。据统计，每千辆汽车每天排出一氧化碳约 3000 kg，碳氢化合物 200～400 kg，氮氧化合物 50～150 kg。汽车尾气可谓大气污染的"元凶"。

生态加油站

光化学烟雾

　　光化学烟雾也称光化烟雾。是指碳氢化合物及氮氧化合物污染的大气，在太阳紫外线照射下，发生一系列光化学反应而形成的烟雾。光化学烟雾发生时能使大气中氧化剂浓度增高，使人产生眼、鼻、喉的刺激症状，引起红眼病。今后随

光化学烟雾形成的基本过程

着工业的发展，汽车数量的增多，以及其他燃烧过程中石油消耗量的不断增长，光化学氧化型大气污染将成为城市空气污染的一个严重问题。

1943 年，洛杉矶市被"蓝色烟雾"笼罩

　　1943 年，在美国加利福尼亚州的洛杉矶市，250 万辆汽车每天燃烧掉 1100 吨汽油。汽油燃烧后产生的碳氢化合物等在太阳紫外线照射下发生化学反应，形成浅蓝色烟雾，使该市大多数市民出现眼红、头疼症状。到 1955 年和 1970 年，洛杉矶又两度发生光化学烟雾事件，前者导致 400 多人因五官中毒、呼吸衰竭而死

亡，后者使全市四分之三的人患病。烟雾同时对家畜、水果及橡胶制品和建筑物均造成损坏，这就是在历史上被称为"世界八大公害"和"20世纪十大环境公害"之一的洛杉矶光化学烟雾事件。

（五）油烟污染

随着经济的发展，改革开放的深化，餐饮店如雨后春笋遍布城市各个角落。这一方面方便和丰富了居民生活；另一方面，餐饮店的厨房油烟排放污染了环境，并逐渐引起了人们关注。餐饮油烟污染不仅对民众的身体健康产生危害，对民众的生活环境也带来了严重影响。

2013年中科院专项组对京津冀雾霾天气进行专项研究时发现，在检测出的氮氧有机颗粒物中，局地烹饪排放的油烟型有机颗粒物占到了21%，汽车尾气和燃煤产生的烃类有机颗粒物占18%，油烟污染更甚于汽车尾气。在北京市环保局发布的北京PM 2.5来源解析研究成果中，餐饮油烟也"光荣登榜"。因此，如何有效治理油烟污染已经成为热点议题，加强对餐饮油烟污染的治理已刻不容缓。

隐形杀手——"油烟"

餐饮油烟中含有许多有害物质甚至致癌物质，如苯并芘、丙烯醛和多环芳烃，对人体健康的危害是潜移默化、日积月累的。它们能引起鼻炎、咽喉炎、气管炎等呼吸系统疾病。有研究证明，餐饮油烟能够经肺泡进入血液循环到达肝组织，产生肝毒性物质。长期吸入油烟能导致哮喘恶化，使人体免疫功能下降，并增加患肺癌的概率。此外，油烟对女性皮肤的伤害更大，油烟颗粒附着在女性皮肤上，造成毛孔阻塞，加速女性皮肤组织老化，导致肌肤变粗糙，出现皱纹，黑色素增多并转变为色斑。

生态加油站

1.炒菜油温与油烟污染表

炒菜油温与油烟污染表

油温	油烟污染
0℃	菜油中的亚麻酸、亚油酸等不饱和脂肪酸
60℃	氧化物开始分解，形成醛、酮、烃、脂肪酸、醇、DNP（硝基多环芳香烃）、内酯、杂环胺等多种化合物
130℃	油会发生复杂的化学变化，生成甘油等物质，形成"烟雾"
150℃	会在食物中微量金属元素的催化作用下，发生化学反应生成氮氧化合物，以氢过氧化物含量较多
200℃以上	甘油开始分解，产生一种叫"丙烯醛"的刺激性物质，还会产生大量致癌的有害物质
350℃	脂肪氧化物、苯并芘会成倍增加

2.厨房油烟污染的防治妙招

第1招：改变"急火猛炒"的烹饪习惯。

第2招：加强厨房的通风换气，安装性能、效果较好的抽油烟机。

第3招：尽量使用质量好的烹调油，减少油烟和致癌物的产生。

第4招：尽量使用蒸、煮等烹饪手段。

第5招：要及时清理锅里锅外的油垢。

第6招：厨房植物的装饰。厨房温度湿度变化较大，应选择一些适应性强的小型盆花。在绿化艺术布置上可选择能净化空气，特别是对油烟、煤气等有抗性的植物。

厨房绿植

(六)雾霾污染

雾霾,顾名思义是雾和霾。但是雾和霾的区别很大。雾,本来是一种较为常见的自然现象,是由大量悬浮在近地面空气中的微小水滴或冰晶组成的气溶胶系统。雾多出现于秋冬季节,是近地面层空气中水汽凝结(或凝华)的产物。雾的存在会降低空气透明度,使能见度恶化,如果目标物的水平能见度降低到 1000 米以内,就将悬浮在近地面空气中的水汽凝结(或凝华)物的天气现象称为雾。而霾是指随着人口的增加、经济社会以及城市化的快速发展,大气气溶胶污染日益严重,空气中的灰尘、硫酸、硝酸等颗粒物组成的气溶胶系统造成视觉障碍的现象。雾霾天气是一种大气污染状态,是对大气中各种悬浮颗粒物含量超标的笼统表述,尤其是 PM 2.5(空气动力学当量直径小于等于 2.5 微米的颗粒物),被认为是造成雾霾天气的“元凶”。随着空气质量的恶化,阴霾天气现象增多,危害加重。中国已基本构建起覆盖全国主要地区的环境预测预报系统,负责开展霾等重污染天气预警。雾霾天气严重影响空气质量、危害民众健康、引发交通事故,进而危害经济社会的可持续发展。关于雾霾天气,在中国气象局的《地面气象观测规范》中,是这样定义的:“大量极微细的干性尘粒、烟粒等(气象学上称为气溶胶颗粒)均匀悬浮于空中,使空气混浊、视野模糊并导致能见度恶化,当水平能见度低于 10.0 km、相对湿度小于 80% 时，排除降水、扬沙、浮尘、烟雾、吹雪、雪暴、沙尘暴等天气现象后造成的视程障碍空气普遍混浊现象。"霾使得远处光亮物体略带黄、红色，黑暗物体略带蓝色。那么，是什么造成了雾霾天气呢？

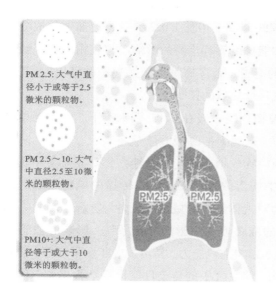

PM2.5可能导致的疾病

致癌：流行病学的调查发现，城市大气颗粒物中的多环芳烃与居民肺癌的发病率和死亡率相关。

心血管疾病：进入血液的微尘会损害血红蛋白输送氧的能力，可能引发充血性心力衰竭和冠状动脉硬化等心脏疾病。

有害物质中毒：PM 2.5微尘中多含有有害气体以及重金属等有毒物质，这些物质溶解在血液中，会导致人体中毒。

呼吸系统疾病：PM 2.5微尘被吸入人体后会直接进入支气管，干扰肺部的气体交换，引发哮喘、支气管炎等疾病。

婴儿发育缺陷：对接触高浓度PM 2.5的孕妇的研究表明，高浓度的细颗粒物污染可能会影响胚胎的发育。

PM 2.5 的危害

雾霾天气

　　自 2013 年以来，我国 17 个省级地区都曾遭受雾霾天气影响，雾霾现象已成为当前的热点焦点问题。PM 2.5 也成为当下社会的一个"流行词"。PM 2.5 的浓度越大，越容易导致雾霾天气的发生。

　　PM 2.5 是指大气中直径小于或等于 2.5 微米的颗粒物，也称为可入肺颗粒物。它的直径还不到人的头发丝粗细的 1/20。虽然 PM 2.5 只是地球大气成分中含量很少的组分，但它对空气质量和能见度等有重要的影响。与较粗的大气颗粒物相比，PM 2.5 粒径小，富含大量的有毒、有害物质且在大气中的停留时间长、输送距离远，因而对人体健康和大气环境质量的影响更大。

　　由于霾中细小粉粒状的飘浮颗粒物直径一般在 0.01 微米以下，可直接通过呼吸系统进入支气管甚至肺部，所以，霾对人的呼吸系统危害最大。同时，阴霾天气时，气压降低、空气中可吸入颗粒物骤增、空气流动性差，有害细菌和病毒向周围扩散的速度变慢，导致空气中病毒浓度增高，疾病传播的风险很高。因此，我们可知雾霾的主要危害表现为对人体健康的威胁，人类与雾霾之间是一场没有硝烟的战争。雾霾对人类健康的威胁表现为影响呼吸系统、影响心血管系统、不利于儿童成长、影响心理健康、影响生殖能力、易引发老年痴呆症等，同时雾霾天气还可导致近地层紫外线减弱，使空气中的传染性病菌的活性增强，传染病增多。雾霾除了对人体健康造成威胁以外，还会对生态环境和交通造成危害，对公路、铁路、航空、航运、供电系统等均产生重要影响。由于雾霾天空气质量差，能见度低，容易引起交通阻塞，发生交通事故，所以在行车行走时更应该多观察路况，以免发生危险。

脑力大激荡

　　①大气中的 PM 2.5 的来源与成分有哪些？
　　②PM 2.5 对人体的健康会产生什么危害？
　　③怎样采取措施减少大气中的 PM 2.5？

生活小贴士

遇到雾霾天气，我们需要采取哪些有效的防护措施呢？

（1）减少出门是自我保护最有效的办法，尤其是患有心血管、呼吸系统疾病的人群，更要尽量少出门。必须外出时记着戴口罩，不要开启车窗，减少对呼吸道的污染。

（2）可以暂时减少晨练，尽量选择在 10～14 时外出。同时，要多喝水，少吸烟并远离"二手烟"，以减轻肺、肝等器官的负担。

（3）外出归来后最好用温水洗脸，以将附着在皮肤上的雾霾颗粒有效清洁干净，漱口清除附着在口腔里的脏东西，并且清理鼻腔。

（4）家里尽量不要开窗。确实需要开窗透气的话，开窗时应尽量避开早晚雾霾高峰时段，可以将窗户打开一条缝通风，不让风直接吹进来，通风时间每次以半小时至一小时为宜。

三、食品安全形势严峻

民以食为天，食以安为先。习近平总书记在党的十九大报告中也明确提出："实施健康中国战略。人民健康是民族昌盛和国家富强的重要标志。实施食品安全战略，让人民吃得放心。"农业发展和食品生产是关系国计民生的大事，而食品的质量安全则是保障人民健康、促进社会和谐发展的基础。近年来绿色食品、有机食品、健康食品、无公害食品等词语频繁出现在我们的生活中，而这些词语的出现，也从另一个侧面反映出了现在的食品安全问题着实让人担心，特别是近些年发生的一系列食品安全事件，如苏丹红事件、二噁英事件、疯牛病等，让人们更加注重食品的质量安全。

（一）食品污染及食品污染物

食品污染是指人们食用的各种食物，如粮食、蔬菜、水果、鱼、肉、蛋等，在生产、加工、包装、贮存和运输的过程中，被某些有毒有害的物质所污染。在食品生产（养殖、种植）、加工、包装、贮存、运输、销售、烹饪和进食过程中，不经意地混入食品中的、外来的、不利于食品质量和卫生安全的物质，称为食品污染物。根据污染物的性质，食品污染可分为三类。

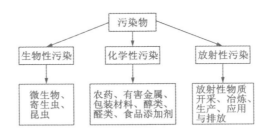

食品污染物按性质的分类

1. 生物性污染

生物性污染包括微生物、寄生虫和昆虫的污染，主要以微生物污染为主，危害较大。食品中常见的细菌称为食品细菌，绝大多数是非致病菌。细菌污染指标是评价食品卫生质量的重要指标。

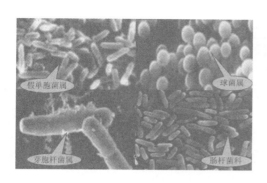
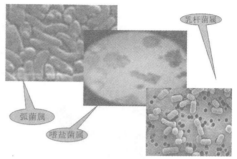

常见的食品细菌

食品一旦被细菌污染，最容易引起食品腐败变质。腐败变质的食品首先是具有使人们难以接受的感官性状，如刺激气味、异常颜色、酸臭味道、组织溃烂、黏液污秽等。食品腐败变质时，食品中的蛋白质、脂肪、碳水化合物、维生素、无机盐会大量被破坏和流失，食品失去营养价值。食入腐败变质的食物可使人体产生不良反应，甚至中毒。这方面的报道越来越多，如某些鱼类腐败产生的组织胺使人体中毒、脂肪酸败产物引起人的不良反应及中毒、食品腐败导致的亚硝胺中毒等，因此决不能吃腐败变质的食物。

腐败变质的食物可使人体产生不良反应

感官鉴定是以人的视觉、嗅觉、触觉、味觉来查验食品初期腐败变质的一种简单而有效的方法。食品是否腐败变质可以从以下几个方面去进行感官鉴定：

第一，色泽变化。微生物繁殖引起食品腐败变质时，食品色泽就会发生改变，常会出现黄色、紫色、褐色、橙色、红色和黑色的片状斑点或全部变色。

　　第二，气味变化。食品腐败变质会产生异味，如霉味臭、醋味臭、氨臭、粪臭、硫化氢臭、酯臭等。

霉变

　　第三，口味变化。微生物造成食品腐败变质时也常引起食品口味的变化。而口味改变中比较容易分辨的是酸味和苦味。如番茄制品，微生物造成酸败时，酸味稍有增高；牛奶被假单胞菌污染后会产生苦味。

　　第四，组织状态变化。固体食品变质，可使组织细胞破坏，造成细胞内容物外溢，食品的性状发生变形、软化。如鱼肉类食品变质后肌肉会变得松弛、弹性差，有时组织体表出现发黏等现象；粉碎后加工制成的食品，如鱼糕、奶粉、果酱等变质后常变得黏稠、结块、表面变形、潮润。液态食品变质后会出现浑浊、沉淀、表面浮膜、变稠等现象。如变质的鲜乳会出现凝块、乳清析出、变稠等现象，有时还会产生气体。

食品标签不可少

2. 化学性污染

化学性污染是指有毒有害的化学物质对食品的污染，如农药的残留，工厂排放的"三废"（废弃物、废水、废渣）对食物和水的污染，食品添加剂的不合理使用等。

造成化学性污染的原因有：农用化学物质（如化肥、农药）的广泛应用和使用不当；使用不合卫生要求的食品添加剂；使用质量不合卫生要求的包装容器；工业"三废"的不合理排放所造成的环境污染也会通过食物链危害人体健康；油炸食品中含有大量亚硝胺类和苯并芘，它在人体内蓄积到一定量时，会诱发细胞组织癌变；等等。

农药危害

农药残留的来源

目前全国每年农药使用量为 100 万吨左右，利用率却仅为 10%～20%，其余都残留在环境中。许多农民缺少环保知识，施用农药的技术不过关，因此农药事故屡有发生

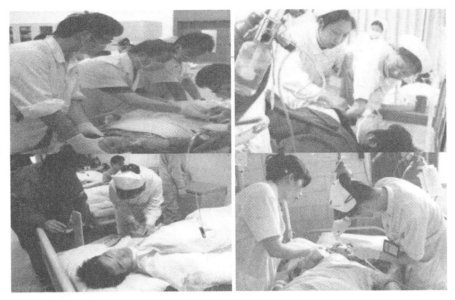

全世界每年约有 300 万农药中毒患者，其中美国每年高达 3 万～4 万人，我国每年也有上万人甚至 10 万人以上

一方面，使用农药可以减少农作物的损失，提高产量，提高农业生产的经济效益，增加粮食供应；另一方面，由于农药的大量和广泛使用，不仅可通过食物和水的摄入、空气吸入和皮肤接触等途径对人体造成多方面的危害，如慢性中毒和致癌、致畸、致突变作用等，还可对环境造成严重污染，使环境质量恶化，物种减少，生态平衡破坏。

农药残留

3.食品的放射性污染

放射性污染主要来自放射性物质的开采、冶炼、生产以及在生活中的应用与排放。特别是半衰期较长的放射性核素污染，对食品卫生的影响更为严重。

食品放射性污染对人体的危害主要是由于摄入污染食品后放射性物质对人体内各种组织、器官和细胞产生的低剂量长期内照射效应。主要表现为对免疫系统、生殖系统的损伤和致癌、致畸、致突变作用。

预防食品放射性污染及其对人体危害的主要措施是加强对污染源的卫生防护和经常性的卫生监督工作，定期进行食品卫生监测，严格执行国家卫生标准，将食品中放射性物质的含量控制在允许的范围之内。

(二)食品污染的现状

近年来频频爆发的食品安全问题，一次次地触动着民众紧绷的神经。食品安全方面存在的问题不仅危害人们的健康，损害消费者的利益，而且还影响到食品的市场竞争力和出口。为了除虫害，有人大量使用高毒甚至剧毒农药，致使蔬

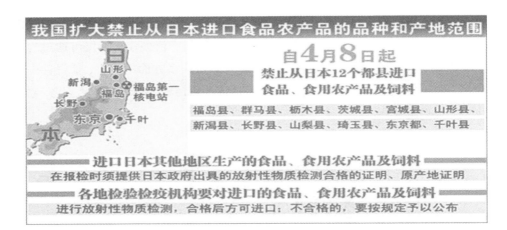

食品放射性污染

菜、果品农药残留严重超标；为了提高产量，有人盲目使用违禁激素；为了增加猪的瘦肉率，有人竟在饲料中添加"瘦肉精"；为了使面粉和粉丝增白，有人胆敢把有毒化学品"吊白块"掺和其中；为了骗钱，有人用稻草沤水兑上色素和盐当酱油卖；为了赚取高额利润，有人把含有黄曲霉素的霉变陈米抛光上蜡，冒充新米出售……食品安全问题令人担忧。重大食品安全事件不断发生，再次敲响了食品安全问题的警钟。

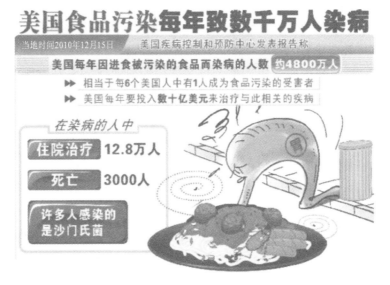

美国食品污染

生态加油站

污染案例：双汇瘦肉精事件

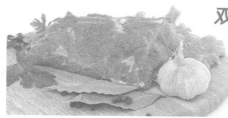

双汇汇入瘦肉精 消费者咆哮了

瘦肉精！瘦肉精！
你让人心跳加速！脸抽筋！
你瘦了猪肉的肉！肥了商家的腰！伤了我们的心！

双汇瘦肉精事件

2011 年 3 月 15 日央视 3·15 特别行动——《"健美猪"真相》，曝光了"养猪户添加违禁药'瘦肉精'，监管部门收钱放行，经纪人联络其中，下游厂家有意收购"的乱象。在河南孟州市、沁阳市、温县和获嘉县等地，用"瘦肉精"喂出来的"健美猪"，利用当地养殖环节的监管漏洞，进入贩运环节。每头猪花两元钱左右就能买到号称"通行证"的检疫合格等三大证明，再花上一百元打点河南省省界的检查站，便可以一路绿灯送到南京一些定点屠宰场，每头猪交 10 元钱就能得到一张"动物产品检疫合格证明"。有了这张证明，用"瘦肉精"喂出来的所谓"健美猪"就能堂而皇之地进入南京市场销售。更令人不安的是，这

敢吃我吗？

"健美"猪

种用瘦肉精喂食的猪，还畅通无阻地流入了肉食行业的龙头老大、以"十八道检验、十八个放心"著称的河南双汇旗下的济源双汇食品有限公司。按照该公司规定，十八道检验中并不包括"瘦肉精"检测。

（三）食品污染的特点

第一，食品被污染现象日趋严重及普遍，其中化学性物质的污染占主要地位。

第二，污染物从一种生物转移到另一种生物时，浓度可以不断积聚增高，即所谓生物富集作用，以致哪怕是轻微的污染，经生物富集作用后，也可对人体造成严重危害。

第三，目前食品污染导致的危害，除了急性毒性作用外，慢性毒性作用更为多见。由于长期少量摄入，且生物半衰期又较长，以致食品污染物在体内对 DNA 等发生慢性毒性作用，可出现致畸、致癌、致突变现象。

（四）食品污染对人体健康的影响

1. 急性中毒

污染物随食物进入人体在短时间内造成机体损害，出现临床症状（如急性肠胃炎），称为急性中毒。引起急性中毒的污染物有细菌及其毒素、霉菌及其毒素和化学毒物。

2. 慢性中毒

某些食品污染物含量虽少，但由于长期持续不断地摄入体内并蓄积，也会引起机体损害，表现出各种各样的慢性中毒症状，如慢性铅中毒、慢性汞中毒、慢性镉中毒等。

3. 致畸、致癌、致突变

某些食品污染物被孕妇食用后，作用于胚胎，使之在发育期中细胞分化和器官形成不能正常进行，出现畸胎甚至死胎。引起致畸的物质有滴滴涕（DDT）、五氯酚钠、西维因等农药，黄曲霉毒素 B1 也可致畸。化学物质和其他物理因素或生物因素在机体内可引起肿瘤生长，目前怀疑或具有致癌作用的物质有数百种，其中90%以上是化学因素，如亚硝胺、黄曲霉毒素、多环芳烃，以及砷、镉、镍、铅等因素，与饮食有关的占35%。

生态加油站

西瓜爆炸了

　　51 岁的刘某某是一位瓜农，他种了 40 多亩西瓜。某一天早上，刘某某像往常一样来到瓜地，可眼前的景象令他目瞪口呆、不知所措。他惊讶地发现，不少西瓜居然张着大嘴，分成了两半，有的更是炸得像开了花一样。几乎就在同时，老刘的耳边响起了"噼噗、噼噗"低沉的闷响声，老刘立即反应过来了，这分明就是西瓜的爆炸声。瓜熟蒂落是自然现象，成熟的西瓜偶然发生裂口当属正常，而刘某某的西瓜大的有七八斤重，小的也就一两斤重，还未成熟西瓜自己就裂开了，情况显属异常。通过专家调查发现：西瓜之所以"不熟就裂口"，是因为在种植的过程中施用了"膨大剂"而造成的。

西瓜爆炸了

　　"膨大剂"属于植物生长调节剂中的一类。它具有加速细胞分裂，促进细胞增大、分化和蛋白质合成，提高出果率和促进果实增大的作用。膨大剂在柿子、甜瓜、葡萄、番茄、猕猴桃等水果中使用时，有增加果实数量、促进果实肥大、提高产量等作用。在关于膨大剂的施用方面，有研究表明，如果科学合理使用不会出现安全事故，但如果过量使用或使用时期不当，会在蔬果中残留，被人食用后，会对人体健康造成潜在的影响。

生活小贴士

转基因与转基因食品

随着物质生活水平的提高，人们的需求类型日渐多元化，导致了"基因"这一词语逐渐成为流行语，颇具争议的转基因食品也悄然进入我们的餐桌，但它到底是洪水猛兽还是诺亚方舟？我们应该怎样看待和正确应对？下面让我们带着这些问题，一起来学习与认识它吧。

转基因是利用转基因技术，将某些生物的基因转移到其他物种中去，改造生物的遗传物质，使其在性状、营养品质、消费品质等方面向人们所需要的目标转变。以转基因生物为直接食品或为原料加工生产的食品就是"转基因食品"。

(1)转基因产品的优点。

转基因产品能减少对农药化肥的依赖，避免环境污染。转基因技术还可培育具有高产、优质、抗病毒、抗虫、抗寒、抗旱、抗涝、抗盐碱、抗杂草等优势的新品种，因此降低了使用农药的概率，从而也减少了农药在环境中的残留量。

● 提高作物质量和产量，缓解粮食危机。转基因技术能快而准地筛选出优良品种，因此转基因作物在一定程度上能有效降低粮食等农作物的价格，让更多的人远离饥饿的折磨。

● 转基因技术可以实现物种间的优化组合，有利于为人类提供健康和抗疾病的食品。例如，面包生产需要高蛋白质含量的小麦，将高效的蛋白基因转入小麦，用转基因小麦做成的面包蛋白质含量更高，焙烤性能更好。转基因西红柿比一般西红柿更加抗衰老、抗软化、耐贮藏，能长途运输。再比如在动物性有益的基因组合方面：牛体内转入了优良基因，牛长大后产生的牛乳中含有基因药物，提取后可用于人类疾病的治疗；在猪的体内转入优良的生长基因，猪的生长速度和抗病能力会大大提高。

(2)转基因产品可能的危害。

● 转基因的片段物质会长期遗传到作物体内，当发现对人类有害的时候再清除原有转基因时，这种作物品种已经受到污染。

● 转基因食品改变了我们所食用食品的自然属性，它所使用的生物物质并未进行较长时间的人体安全性试验，可能对人体构成极大的健康危害。

● 转基因作物的抗病能力在转移到人类身上后，有可能使人类也产生抗病性，从而导致人类发病途径和治病方式的混乱。

● 转基因有可能对环境和生态平衡造成威胁。

脑力大激荡

你是怎样认识转基因产品的？谈一谈你的看法。

四、居住环境日趋恶化

居住环境是我们生活质量的标尺。习近平总书记强调，要抬头见山，低头见水。唐代诗人孟浩然曾如此描绘优美的居住环境："绿树村边合，青山郭外斜。开轩面场圃，把酒话桑麻。待到重阳日，还来就菊花。"

（一）土地及土地资源

土地是指地球陆地的表层部分。土地与我们的生活息息相关，是人类赖以生存和发展的重要物质基础，是不可再生的有限资源和宝贵财富。土地是人类生存之本，是我们生活的"大舞台"。如果没有土地，世界上的生物也就不能生长繁育，人类也就无法生存和发展。土地是我们衣食住行的来源，包括林地、耕地、草地等类型。

土地可以为人类提供食物、药材等生活必需品，具有养育功能；能为植物生长、动物以及人类活动提供场所，具有承载功能；能起到保持水土、涵养水源、改良土壤、调节气候的环境功能；还有能储藏能源的仓储功能。

草地：这里地处高原，草场广布，适宜放牧牛羊，发展畜牧业

耕地：这里是一望无际的平原，地势平坦，土地肥沃，适宜种植粮食

林地：这里地形崎岖，不宜耕地，但森林茂密，适宜发展林业

有了土地，我们可以建工厂，发展工业

有了土地，动物有了栖息场地

有了土地，我们可以种植各种作物，发展农业

有了土地，我们可以欣赏到美丽的风景，发展旅游业

土地蕴藏着丰富的矿产资源，如石油

土地蕴藏着丰富的矿产资源，如天然气

（二）我国土地资源的特点

我国土地资源的基本情况：我国国土面积为 960 万平方千米，占世界陆地面积的 6.4%，仅次于俄罗斯和加拿大，居世界第三位。最新统计结果表明，截至 2015 年，我国有耕地面积 20.25 亿亩。

概括起来，我国土地资源有以下特点：

第一，土地资源总量大，但人均占有土地少，人均占有耕地更少。

我国土地资源数据表（总量、人均量）

土地类型	总量在世界位次	中国人均相当于世界人均
总面积	3	1/3
耕地	4	1/3
林地	5	1/6
草原	3	1/3

第二，土地类型多，但山地多于平地。

我国地域辽阔，导致了我国地貌、地形、气候等自然条件十分复杂，形成了多样地形。据统计，我国山地约占全国面积的 33%，丘陵占 10%，高原占 26%，盆地占 19%，平原仅占 12%。按广义标准计算，我国山区面积约占全部土地面积的三分之二，平原面积仅占三分之一；全国约有三分之一的农业人口和耕地在山区。这种情况造成了我国农林牧业生产条件相对较差的结果。

我国土地资源空间分布不均匀

第三,土地资源的地区分布不平衡。

我国90%以上的耕地和内陆水域分布在东南部地区,一半以上的林地集中在东北部和西南部地区,86%以上的草地分布在西北部干旱、半干旱地区。这决定了我国不同地区土地的人口承载力相差很大。土地承载力大的我国东南部,是人口稠密的地方,人地矛盾更紧张。

第四,土地资源利用程度低,土地浪费严重。

(三) 土地利用中存在的问题

1. 水土流失

我国是世界上最早开始农业耕种的国家,水土流失已经使一部分地区几乎变成不毛之地。据估计,我国水土流失面积达150万平方千米,每年流失土壤约50亿吨。仅黄河水系每年流失土壤就达16亿吨之多。如果将这些流失的泥土堆成高宽各1米的堤坝,就可以绕地球20圈以上。由此可见,水土流失极大地破坏了生态环境,给水土资源带来不可逆转的损失。水土流失已成为我国的重大环境问题。

我国水土流失严重

为什么说水土流失是我国的头号环境问题？

　　我国的环境问题是多方面的，如城市空气污染，河流水质污染，工业的废水、废气、废渣污染等，但是，分布最广泛、危害最严重的是水土流失。我国山区、丘陵区面积约占国土总面积的 2/3，大部分面积都有水土流失。据 2000 年水利部水土保持监测中心采用先进的遥感技术调查，全国的水土流失面积约占国土总面积的 40%。水土流失不仅破坏当地的生态环境和农业生产条件，造成群众生活贫困，而且为下游江河带来严重的洪水泥沙危害。被洪水淹没的地方，不论城镇还是农村，人民的生命财产都遭受严重损失。泥沙淤积在湖泊、水库、河床，对整个国民经济建设造成的危害更是十分深远，全国各省（区）都不同程度地存在这样的问题。所以说，水土流失是我国的头号环境问题。

1991 年的陕北黄土高原植被很少，千沟万壑，水土流失严重

　　作为"头号环境问题"的水土流失究竟会导致何种具体危害呢？

　　首先，水土流失容易破坏地面完整。水土流失中的沟蚀是破坏地面完整的"元凶"。例如，黄河流域的黄土高原地区，许多地方沟头每年平均前进 3 米左右，把地面切割得支离破碎，从飞机上向下看，许多地方一半左右的地面都变成了沟壑。

　　其次，水土流失使土壤肥力衰退，耕地减少，土地退化严重，严重影响农业生产。近 50 年来，中国因水土流失毁掉的耕地达 4000 多万亩，平均每年近 100 万亩。因水土流失造成退化、沙化、碱化的草地约 100 万平方千米，占中国草原总面积的 50%。进入 20 世纪 90 年代，沙化土地每年扩展 2460 平方千米。暴雨中陡坡耕地的水土流失特别严重，据科学观测，15°～25°的坡耕地每年每公顷流失水量 400～600 立方米，流失土壤 30～150 吨。土壤中的氮、磷、钾、有机质等养分都同时流失，造成土地日益瘠薄、田间持水能力降低、不耐旱，又加剧了干旱的发展，其结果是农作物产量很低，群众生活贫困。例如，黄土高原地区，许多地方治理前一般每年人均粮食产量只有 250～300 千克，灾年甚至颗粒无收，靠国家从外地调进粮食救济。

建筑工地泥浆直接排入河流，致使河床淤积严重

　　再次，水土流失加剧洪涝灾害的发生。水土流失造成大量泥沙下泄，淤积于山塘、水库，降低了这些水利设施的蓄水功能，影响了水资源的开发利用，加剧洪涝灾害。1998 年夏天，长江流域和松花江流域分别发生全流域性的特大洪水，其主要原因之一就是中上游地区水土流失严重，加速了暴雨径流的汇集过程，降

低了水库的调蓄和河道的行洪能力。

水土流失，降低了水利设施的蓄水功能，加剧了洪涝灾害的发生

　　最后，水土流失影响交通运输。每年汛期，由于水土流失造成公路、铁路沿线山坡塌方而引起的交通中断事故在全国范围内时有发生，不胜枚举。

水土流失，导致交通问题

2. 土地荒漠化

土地荒漠化是指在脆弱的生态系统下，人为过度的经济活动破坏了其平衡，

使原非沙漠的地区出现了类似沙漠景观的环境变化过程。凡是具有发生沙漠化过程的土地都称之为沙漠化土地。

中国荒漠化形势十分严峻。1998 年国家林业局防治荒漠化办公室等政府部门发表的材料指出，中国是世界上荒漠化严重的国家之一。全国沙漠、戈壁和沙化土地普查及荒漠化调研结果表明，中国荒漠化土地面积为 262.2 万平方千米，占国土面积的 27.4%，近 4 亿人口受到荒漠化的影响。中、美、加国际合作项目研究结果显示，中国因荒漠化造成的直接经济损失约为 541 亿元。

土地荒漠化

中国荒漠化土地中，以大风造成的风蚀荒漠化面积最大，占了 160.7 万平方千米。据统计，20 世纪 70 年代以来，仅土地沙化面积扩大速度，就达每年 2460 平方千米。

土地的沙化给大风起沙创造了条件，因此中国北方地区沙尘暴（强沙尘暴俗称"黑风"，因为进入沙尘暴之中常伸手不见五指）发生越来越频繁，且强度大，范围广。1993 年 5 月 5 日新疆、甘肃、宁夏先后发生强沙尘暴，造成 116 人死亡或失踪，264 人受伤，损失牲畜几万头，农作物受灾面积 33.7 万公顷，直接经济损失 5.4 亿元。1998 年 4 月 15—21 日，自西向东发生了一场席卷中国干旱、半干旱和亚湿润干旱区的强沙尘暴，途经新疆、甘肃、宁夏、陕西、内蒙古、河北和山西西部。4 月 16 日飘浮在高空的尘土在京津和长江下游以北地区沉降，形成大面积浮尘天气。其中北京、济南等地因浮尘与降雨云相遇，"泥雨"从天而降。宁夏银川因连续下沙子，飞机停飞，人们连呼吸都觉得困难。

（1）荒漠化的类型。

①风蚀荒漠化。风蚀荒漠化的进程受气候特别是干湿程度的影响较大。这是由于在风蚀中，土壤的水分含量与其抗蚀力呈正相关关系。

风蚀荒漠化

②水蚀荒漠化。水蚀荒漠化是指在干旱、半干旱和亚湿润干旱区由于水土流失造成的土地退化。水蚀荒漠化与土壤的质地紧密相关。

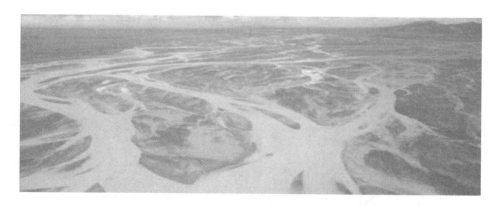

水蚀荒漠化

③草地退化。草地退化的主要表现是草地群落盖度明显降低，单位面积产草量明显下降。由于可食草类减少、有害（毒）草类的增加而使草地质量变劣，草地盖度减低后，裸露地表比例增加，为风力侵蚀的加剧创造了条件。

草地退化

④土壤盐渍化。土地盐渍化是指干旱、半干旱和亚湿润干旱区由于旱地灌溉而形成的土壤次生盐渍化，是荒漠化的又一种类型。土壤盐渍主要是由于气候、排水不畅、地下水位过高及不合理灌溉方式等所造成。

土壤盐渍化

（2）荒漠化的危害。

①可利用土地资源减少。20世纪50年代以来，中国已有67万公顷耕地、235万公顷草地和639万公顷林地变成了沙地。内蒙古自治区乌兰察布市后山地区、阿拉善地区，新疆维吾尔自治区塔里木河下游，青海省柴达木盆地，河北省坝上地区和西藏自治区那曲市等地，沙化地区平均每年增加4%以上。由于风沙紧逼，成千上万的牧民被迫迁往他乡，成为"生态难民"。中国国家林业局提供的资料显示，20世纪末，沙化每年以3436平方千米的速度扩展，每5年就有一个相当于北京市行政区划大小的国土面积因沙化而失去利用价值，全国受沙漠化影响的人口达1.7亿。

老农无法舍弃废弃的家园

②土地生产力严重衰退。土壤风蚀不仅是沙漠化的主要组成部分，而且是首要环节。风蚀会造成土壤中有机质和细粒物质的流失，导致土壤粗化，肥力下降。据采样分析，在毛乌素沙漠，每年土壤被吹失5~7厘米，每公顷土地损失有机质7700公斤，氮素387公斤，磷素549公斤，小于0.01毫米的物理性黏粒3.9万公斤。中国科学院测算，沙漠化致使全国每年损失土壤有机质及氮、磷、钾等达5590万吨，折合化肥2.7亿吨，相当于1996年全国农用化肥产量的9.5倍。

③自然灾害加剧。荒漠化还有一个最能让人类有直接感受的危害，就是导致

土地生产力衰退，草场退化

自然灾害加剧，沙尘暴频繁。

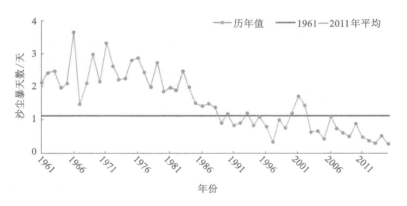

1961—2015 年我国北方春季(3—5 月)沙尘暴天数

生态加油站

沙尘暴

　　沙尘暴指强风将地面大量尘沙卷入空中，使空气特别浑浊，水平能见度低于1千米的天气现象。近年来，中国北方地区沙尘暴发生越来越频繁，且强度大，范围广。经统计，20世纪60年代特大沙尘暴在中国发生过8次，70年代发生过13次，80年代发生过14次，而90年代至今已发生过20多次，并且波及的范围愈来愈广，造成的损失愈来愈重。

　　1998年4月5日，内蒙古的中西部、宁夏的西南部、甘肃的河西走廊一带遭受了强沙尘暴的袭击，影响范围很广，波及北京、济南、南京、杭州等地。4月19日，新疆北部和东部吐鄯托盆地遭遇风力达12级的大风袭击，部分地区同时伴有沙尘。这次特大风灾造成大量财产损失，有6人死亡、44人失踪、256人受伤。

　　2002年3月18日到21日，20世纪90年代以来范围最大、强度最强、影响最严重、持续时间最长的沙尘天气过程袭击了中国北方140多万平方千米的大地，影响人口达1.3亿。

　　2010年4月24日至25日，新疆南部和东部、青海北部和西部、甘肃、内蒙古西部和宁夏等地出现6~7级大风，部分地区出现了沙尘暴，其中甘肃的部分地区出现了强沙尘暴或特强沙尘暴。吐鲁番市受灾严重，因沙尘暴导致的火灾和建筑物坍塌造成3人死亡，1人失踪。

　　2017年5月11日白天至12日上午，内蒙古中东部及河套地区、华北中北部、东北地区西部、新疆北部等地有4~6级风，阵风可达7~8级。内蒙古中东部、吉林西部、辽宁西部、黑龙江西南部、山西北部、河北中北部以及京津等地的部分地区有扬沙或浮尘天气，其中内蒙古中东部局地有沙尘暴。

　　（3）荒漠化防治的具体措施。
　　①合理利用水资源。
　　②利用生物措施和工程措施构建防护体系。
　　③调节农、林、牧用地之间的关系。
　　④采取综合措施，多途径解决农牧区的能源问题。
　　⑤控制人口增长。

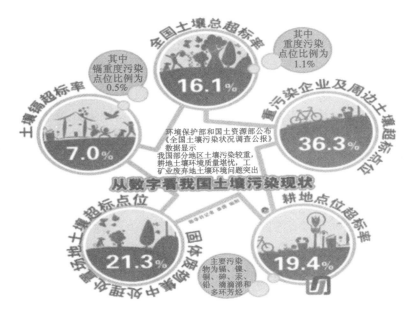

2014年《全国土壤污染调查公报》中关于我国土壤污染状况的调查数据

3. 土地污染

土壤污染是指人类活动产生的污染物，通过不同的途径输入土壤环境中，其数量和速度超过了土壤的净化能力，从而使土壤污染的积累过程逐渐占据优势，土壤的生态平衡受到破坏，正常功能失调，导致土壤环境、质量下降，影响作物的正常生长发育，作物产品的产量和质量随之下降，最终将危及人体健康以至人类的生存和发展。

（1）土地污染的特点。

①影响的综合性。污染的土壤不仅直接造成土壤组成、结构和理化与生态特性的破坏，而且可以污染农作物、水体而对人产生间接影响。

②危害的长期性。土壤受到污染到造成健康危害的后果，常常要经过一个较长久的时间，使人不易察觉。如日本神通川地区痛痛病的出现和确诊，是经过了数十年才弄清楚的：因为含镉废水污染土壤、迁移到水稻并在人体中蓄积至致病的浓度是需要时间的。

③污染物变化的复杂性。污染物在土壤中的转化、迁移过程甚为复杂，不仅取决于污染物的理化特性，而且更受土壤的理化特性、微生物组成以及气象条件

的影响，重金属进入土壤后，有的被吸附，有的被络合成难溶络盐，可长期存在土壤中。有机化合物如有机氯农药 DDT 等，在土壤中也分解缓慢。土壤一旦被污染，消除污染的过程需很长时间。

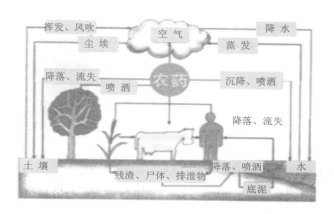

农药对环境危害的途径

（2）土地污染的类型。

①水质污染型。主要是将工业废水、城市生活污水和受污染的地表水进行灌溉而造成的土壤污染。

②大气污染型。大气污染物通过干湿沉降过程污染土壤。

③固体废物型。固体废物包括工矿业废物、城市生活垃圾、污泥等。固体废物的堆积、掩埋、处理不仅直接占用大量耕地，而且通过大气迁移、扩散或降水淋溶、地表径流等污染周围地区的土壤。随着工业化和城市化的发展，其污染的种类和性质都较复杂，污染范围日渐扩大。

④农业污染型。指由于农业生产需要，在化肥、农药、垃圾堆肥的长期使用过程中造成的土壤污染。

⑤综合污染型。土壤污染往往是多污染源和多污染途径同时造成的，即某地区的土壤污染可能是受大气、水体、农药、化肥和污泥施用的综合影响所致。其中以某一种或两种污染源影响为主。

垃圾山　　　　　　　　　　　　　　　　不堪重负

（3）土地污染的危害。

①土壤污染导致严重的直接经济损失。对于各种土壤污染造成的经济损失，目前尚缺乏系统的调查资料。仅以土壤重金属污染为例，全国每年就因重金属污染而减产粮食1000多万吨，另外被重金属污染的粮食每年也多达1200万吨，合计经济损失至少200亿元。对于农药和有机物污染、放射性污染、病原菌污染等其他类型的土壤污染所导致的经济损失，目前尚难以估计。

②土壤污染导致食物品质不断下降。我国大多数城市近郊土壤都受到了不同程度的污染，有许多地方粮食、蔬菜、水果等食物中镉、铬、砷、铅等重金属含量超标或接近临界值。

镉超标　　　　　　　　　　　　　　　　吞蚀

③土壤污染危害人体健康。土壤污染会使污染物在植（作）物体中积累，并通过食物链富集到人体和动物体中，危害人畜健康，引发癌症和其他疾病等。

④土壤污染导致其他环境问题。土地受到污染后，含重金属浓度较高的污染表土容易在风力和水力的作用下分别进入到大气和水体中，导致大气污染、地表水污染、地下水污染和生态系统退化等其他生态问题。

我们应从强化土壤污染管控和修复、加快推进垃圾分类处理、强化固体废物污染防治三方面着手，全面实施土壤污染防治行动计划，突出重点区域、行业和污染物，有效管控农用地和城市建设用地土壤环境风险。

生态加油站

镉

镉（Cadmium，Cd）是一种稀有的分散元素，在自然界中常与锌、铜、铅并存，是铜锌矿的副产品，主要通过对水源的直接污染，以及通过食物链的富集作用对人类健康造成危害。

环境中的镉不能生物降解，虽然在一般环境中含量相当低，但通过食物链富集后可达到相当高的浓度。含镉的污染物进入土壤，使农作物产量和质量下降，从而危害人类的健康。

镉在人体内的生物半衰期长达 20 年至 40 年，为已知的最易在体内蓄积的毒物，对人类健康危害较大。镉为细胞毒素，被吸收的镉主要贮积在肾脏及肝脏。镉中毒主要表现为疲劳、嗅觉失灵和血红蛋白降低，严重发展为骨痛病、钙质严重缺乏和骨质软化萎缩。镉引起的急性中毒与一般食物中毒相似，以呕吐、腹泻、腹痛等消化道危害为主，如长期镉暴露会引起体内应激反应的失调，进而危害到肺、肝、肾，甚至免疫系统也会受到侵害，继而引发肿瘤。

20 世纪中叶在日本富山县神通川沿岸的一些地区出现了一种怪病，开始时人们只是在劳动之后感到腰、背、膝等关节处疼痛，休息或洗澡后可以好转。可是如此几年之后疼痛遍及全身，人的正常活动受限，哪怕是大喘气都感到疼痛难忍。人的骨骼软化，身体萎缩，骨骼出现严重畸形，严重时，一些轻微的活动或咳嗽都可以造成骨折。最后，患者饭不能吃、水不能喝，卧床不起，呼吸困难，病态十分凄惨，终在极度痛苦中死去。经过调查，该病的起因为神通川上游有一个铅锌矿厂，这个工厂在洗矿石时，将含有镉的大量废水直接排入神通川，使河水遭到严重的污染。河两岸的稻田用这种被污染的河水灌溉，有毒的镉经过生物的富集作用，使产出的稻米含镉量很高。人们长年吃这种被镉污染的"镉米"，喝被

20 世纪中期日本的镉污染事件——痛痛病

镉污染的神通川水，久而久之，就造成了慢性镉中毒。

痛痛病受害者在患病以后，身形一般会缩小，异于常人

（4）土地污染的防治措施。

①进行生物修复。通过选取超富集植物等特殊植物，把土壤中的重金属吸收出来，然后收获植物的地上部分，对植物进行焚烧或冶炼，进行二次利用。

②对粪便、垃圾进行无害化处理。

③改变轮作制度，实行水旱轮作。

④合理施用农药和化肥。

生活小·贴士

污染案例：辐射阴影下的福岛

15895 人遇难、2539 人失踪、73349 人依然避难，257 吨核燃料堆芯熔化、约 100 万吨污染水仍难以处理，这就是日本福岛核电站事故留下的相关数据。日本"3·11 大地震"过去 7 周年，灾区复兴虽取得一些进展，但核事故阴影依然难以抹去。

发生爆炸的核电站

2011 年 3 月 11 日，大地震及其引发的海啸重创日本东北部地区，受灾最严重的是福岛、宫城和岩手三县，地震和海啸直接导致福岛县 1614 人遇难，宫城县有 9540 人遇难。核事故给福岛带来了更深伤害，让原本物产丰饶、环境优美之地变得令人生畏，至今依然有大片土地被划为"禁区"。福岛县总人口比灾难前减少了约 14.8 万人，仅福岛一县至今仍有近 5 万人过着避难生活。虽然福岛县需要避难的"禁区"不断缩小，从 2011 年的 1600 多平方千米缩小到目前约 370 平方千米(占全县面积的 2.7%)，但在新近解除避难指示的区域，原居民愿意返乡的寥寥无几。饭馆村在核事故后常常见诸报端，当地居民返乡率仅有约十分之一。福岛第一核电站以南的富冈町居民返乡率不足 5%。愿意返乡的居民以老年人为主，很多年轻人特别是带着孩子的家庭已在他乡立足，不愿返回仍在核事故阴影下的故乡。很多当地居民对日本政府解除"禁区"的依据（年辐射量低于20毫希沃特）不能接受。

废弃的城市

　　如今，核电站附近城镇和乡村早已成为"禁区"，只有一条国道公路可穿越，那里满目荒芜破败，一片沉寂中只有核辐射检测仪的报警音提醒着"看不见"的危险。从距福岛第一核电站大约20千米处开始，就能不时看到大量黑色垃圾袋堆积于道旁田地，这是除污染作业后堆积起来的核污染土。据日本环境省统计，截至2017年初，污染土等废弃物总量已超过1500万立方米。虽然有关方面已在福岛第一核电站附近规划了一个可容纳2200万立方米废弃物的过渡性贮藏地，逐渐将分散于各处的废弃物集中保存，但最终如何处理核污染废弃物依然没有答案。福岛县知事内堀雅雄说，2011年福岛经历了地震、海啸和核事故等多重灾害，不仅在日本，在世界上也史无前例。那一天彻底改变了福岛的命运和历史。福岛县还在经受痛苦，核事故带来的多重灾害不是过去时，而是现在进行时。内堀雅雄也强调，目前福岛县受核事故影响的区域正在减小。到2018年底，除了难以返回区域外，全县清除地表核污染物质的工作全部完成；福岛县主要城镇的空间辐射水平降低到与国际主要城市同等水平；全县外国游客数量超过了地震前水平。

　　对于福岛第一核电站的处理，福岛县政府没有主动权，由日本政府和东京电力公司主导。日本政府和东京电力公司制定的目标是在核事故后的30年到40年完成反应堆报废工作。然而福岛第一核电站报废所面临的堆芯熔化核残渣如何取

辐射区的工作人员

出、上百万吨污水如何处置等问题依然十分艰巨。受地震和海啸影响，福岛第一核电站 1 至 3 号机组发生堆芯熔化事故，反应堆压力容器中失去冷却的核燃料棒在高温下熔毁，掉落到安全壳底部等地方，形成核残渣。有关数据显示，在核事故中共有 257 吨核燃料发生堆芯熔化，熔化后的燃料棒和压力容器内的其他金属物质混合起来，总重达到 880 吨，如何取出这些超高辐射核残渣成为最大难题。福岛第一核电站废堆负责人增田尚宏介绍，目前约有 5000 人在辐射非常高的 1 至 3 号机组附近作业，相关工作人员须穿戴最高程度防护装备。东电公司利用机器人等对 1 至 3 号机组安全壳内部进行了探测拍摄，初步掌握了核残渣分布情况，将用于今后制订核残渣取出方案。增田尚宏说，目前 1 至 3 号机组乏燃料池中还分别有 392、615 和 566 根乏燃料棒。根据废堆中长期路线图，2018 年年中开始取出 3 号机组乏燃料池中的乏燃料棒，目前已在 3 号机组上方安装顶棚，用于取出燃料棒时防止核物质飞散。1 号和 2 号机组乏燃料池中的燃料棒取出作业将于 2023 年开始实施。增田尚宏说，日本政府和东京电力公司已于 2019 年制定取出 1 号机组内核残渣的方案，并计划于 2021 年内，即福岛核事故发生 10 年后开始取出堆芯熔化的核残渣。预计彻底完成反应堆报废工作需要 30 至 40 年时间，即到 2041 年至 2051 年才有可能彻底完成。

除了最为棘手的核燃料棒及核残渣清理工作外，核污水的处理也是一大难题。在福岛第一核电站院内林立着上千个巨型污水储水罐，核污水总量约 100 万吨。现在每天增加的核污水量虽然从 2 年前的 400 吨减少到约 100 吨，但由于核污水中的放射性物质氚难以被净化，东京电力公司不得不持续新增储水罐保管核污水，计划到 2020 年储水罐容量将增加到 137 万吨。东京电力公司董事长川村隆曾考虑将核污水排入大海，但遭到当地渔民的反对。国际社会也非常关注日本政府的污水处置方案，日本政府和东电公司等正为此冥思苦想。

脑力大激荡

日本福岛核电站的治污问题，应当秉承什么原则？

第三章 | 天人合一，人类生存之福

"天人合一"是中国传统哲学的重要命题，它强调人与自然皆有各自的生存价值，认为天人之间应该形成和谐统一的关系。只有这种和谐统一，才是人与自然共同发展的理想境界。

一、珍惜我们每一寸土地

2013年5月24日，习近平总书记在主持十八届中央政治局第六次集体学习时说，国土是生态文明建设的空间载体。要按照人口资源环境相均衡、经济社会生态效益相统一的原则，整体谋划国土空间开发，科学布局生产空间、生活空间、生态空间，给自然留下更多修复空间。

通常认为，我国的国土总面积是960万平方千米。其实960万平方千米仅仅是我国的陆地国土面积。而一个国家的主权领土范围不仅包括陆地、河流、湖泊和内海，还应包括领海及其大陆架。

按照《联合国海洋法公约》的规定，沿海国不仅对12海里领海，而且对24海里毗连区、200海里专属经济区及大陆架享有"主权权利"。按照此公约，中国管辖下的海域面积应为300万平方千米，与陆地一样，是中华人民共和国神圣的国土。所以，隶属于我国主权管辖之下的国土总面积的正确数据应该是1260多万平方千米。

海洋权益将决定着一个民族和一个国家的未来，世界各国在激烈地争夺着海洋。

我国国土面积虽大，但每一寸都不多余！每一寸土地都是先辈和先烈们用汗水和鲜血换来的！

《游击队之歌》曾这样唱道："我们生长在这里，每一寸土地都是我们自己的，如果谁要抢占去，我们就和他拼到底！"

江山如画，中华人民共和国缔造者之一毛泽东主席在《沁园春·雪》中赞美道：

北国风光，千里冰封，万里雪飘。

望长城内外，惟余莽莽；大河上下，顿失滔滔。

山舞银蛇，原驰蜡象，欲与天公试比高。

须晴日，看红装素裹，分外妖娆。

江山如此多娇，引无数英雄竞折腰。

惜秦皇汉武，略输文采；唐宗宋祖，稍逊风骚。

一代天骄，成吉思汗，只识弯弓射大雕。

俱往矣，数风流人物，还看今朝。

北国风光

我们脚下的每一寸土地，都与我们一样，烙印着两个字——中国。艾青《我爱这土地》中说，"为什么我的眼里常含泪水，因为我对这土地爱得深沉"。

通常意义上的国土，大都指我国陆地上的土地资源。土地资源在我国较普遍

我爱这土地

的分类方式是采用地形分类和土地利用类型分类。

　　一类是按地形分类，土地资源可分为高原、山地、丘陵、平原、盆地。一般而言，山地宜发展林牧业，平原、盆地宜发展耕作业。

　　另一类是按土地利用类型，土地资源可分为已利用土地，如耕地、林地、草地、工矿交通居民点用地等；宜开发利用土地，如宜垦荒地、宜林荒地、宜牧荒地、沼泽滩涂水域等；暂时难利用土地，如戈壁、沙漠、高寒山地等。

　　依据国土资源部土地分类的基本框架，土地分类采用三级分类体系。

　　一级地类设 3 个。即《土地管理法》规定的农用地、建设用地、未利用地，三大类的界定严格按照《土地管理法》第四条第三款的规定。

　　二级地类设 15 个。耕地、园地、林地、牧草地及其他农用地等 5 个地类共同构成农用地；商服、工矿仓储、公用设施、公共建筑、住宅等及特殊用地、交通用地（除农村道路）和水利建设用地等共 8 个地类构成了建设用地；未利用土地（除田坎）和未进入农用地、建设用地的其他水域共同构成未利用地。

　　三级地类设 71 个，是在原来两个土地分类的二级地类基础上调整、归并、增设而来的。我国国土辽阔，土地资源总量丰富，而且土地利用类型齐全，这为我国因地制宜地全面发展农、林、牧、副、渔业生产提供了有利条件，但是由于我国人口绝对数量多，导致人均土地资源占有量小。同时，各类土地所占的比例不尽合理，主要是耕地、林地少、难利用土地多，后备土地资源不足，特别是人与耕地

耕地

林地

荒地

牧草地

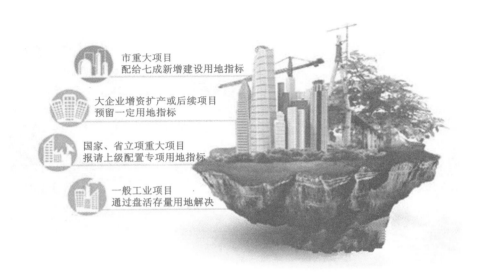

市重大项目
配给七成新增建设用地指标

大企业增资扩产或后续项目
预留一定用地指标

国家、省立项重大项目
报请上级配置专项用地指标

一般工业项目
通过盘活存量用地解决

建设用地

沙漠

的矛盾尤为突出。

一是绝对数量大、人均占有量少。我国国土地面积 144 亿亩。其中，耕地约 20 亿亩，约占全国总面积的 13.9%；林地 18.7 亿亩，占 12.98%；草地 43 亿亩，占 29.9%；城市、工矿、交通用地 12 亿亩，占 8.3%；内陆水域 4.3 亿亩，占 2.9%；宜农宜林荒地约 19.3 亿亩，占 13.4%。

我国耕地面积居世界第 4 位，林地居第 8 位，草地居第 2 位，但人均占有量很低：世界人均耕地 0.37 公顷，我国人均仅 0.1 公顷；世界人均草地 0.76 公顷，我国人均为 0.35 公顷；发达国家 1 公顷耕地负担 1.8 人，发展中国家负担 4 人，我国则需负担 8 人。尽管我国已解决了世界 1/5 人口的温饱问题，但也应注意到，我国非农业用地逐年增加，人均耕地将逐年减少，土地的人口压力将愈来愈大。

二是我国有相当一部分土地是难以开发利用的。在全国国土总面积中，沙漠占 7.4%，戈壁占 5.9%，石质裸岩占 4.8%，冰川与永久积雪占 0.5%，加上居民点、道路占用的 8.3%，全国不能供农林牧业利用的土地占全国土地面积的 26.9%，必须坚守 18 亿亩耕地红线。

戈壁

　　此外，还有一部分土地质量较差。在现有耕地中，涝洼地占4.0%，盐碱地占6.7%，水土流失地占6.7%，红壤低产地占12%，次生潜育性水稻土为6.7%，各类低产地合计5.4亿亩。从草场资源看，年降水量在250 mm以下的荒漠、半荒漠草场有9亿亩，分布在青藏高原的高寒草场约有20亿亩，草质差、产草量低，利用价值低。

高寒草场

　　所以，我国虽然地大物博，但土地资源仍是非常稀缺的，要珍惜我们的每一寸土地。

我国的永久基本农田制度

　　永久基本农田即对基本农田实行永久性保护，2008年中共十七届三中全会提出此概念，"永久基本农田"即无论什么情况下都不能改变其用途，不得以任何方式挪作他用的基本农田。

　　基本农田，是指中国按照一定时期人口和社会经济发展对农产品的需求，依据土地利用总体规划确定的不得占用的耕地。永久基本农田既不是在原有基本农田中挑选的一定比例的优质基本农田，也不是永远不能占用的基本农田。现在的永久基本农田就是我们常说的基本农田。加上"永久"两字，体现了党中央、国务院对耕地特别是基本农田的高度重视，体现的是严格保护的态度。永久基本农田的划定和管护，必须采取行政、法律、经济、技术等综合手段，加强管理，以实现永久基本农田的质量、数量、生态等全方面管护。

2018 年 2 月，国土资源部印发《关于全面实行永久基本农田特殊保护的通知》，以守住永久基本农田控制线为目标，以建立健全"划、建、管、补、护"长效机制为重点，巩固永久基本农田划定成果，完善保护措施，提高监管水平，确保到 2020 年，全国永久基本农田保护面积不少于 15.46 亿亩，基本形成保护有力、建设有效、管理有序的永久基本农田特殊保护格局。

二、合理利用我们的资源

　　资源指的是一切可被人类开发和利用的物质、能量和信息的总称，它广泛地存在于自然界和人类社会中，是一种自然存在物或能够给人类带来财富的财富，如土地资源、矿产资源、森林资源、海洋资源、石油资源、人力资源、信息资源等。

森林资源

　　总的来说，资源可分为自然资源和社会资源两大类。自然资源如阳光、空气、水、土地、森林、草原、动物、矿藏等；社会资源包括人力资源、信息资源以及经过劳动创造的各种物质财富等。

　　伴随着我国经济社会的快速发展，能源紧缺、资源不足、环境污染等已经成为全面建成小康社会的重要制约因素。生态文明建设为自然资源保护和可持续利用工作创造了良好机遇。党的十九大报告中强调必须树立和践行绿水青山就是金山银山的理念，坚持节约资源和保护环境的基本国策，像对待生命一样对待生态

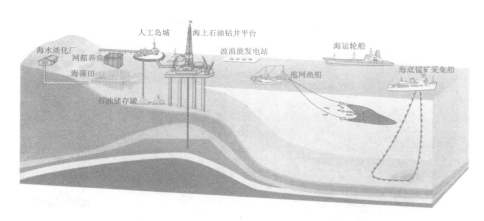

海水淡化厂　　人工岛城　　海上石油钻井平台　　波浪能发电站　　海运轮船
网箱养鱼　　　　　　　　　　　　　　　　　　　　　　　　　　　　海底锰矿采集船
海藻田　　　　　　　　　　　　　　　拖网渔船
石油储存罐

丰富的海洋资源

环境；必须坚持节约优先、保护优先、自然恢复为主的方针，形成节约资源和保护环境的空间格局、产业结构、生产方式、生活方式，还自然以宁静、和谐、美丽；全面推进资源节约和循环利用，实施国家节水行动，降低能耗、物耗，实现生产系统和生活系统循环链接。因此，机遇与挑战并存，困难与希望同在。

(一)矿产资源的开发利用与环境保护

　　矿产资源的开发利用，一方面保证了全球经济的发展，因为经济建设中95%的能源和80%的工业原料依赖矿产资源的供给；另一方面，矿产资源的开发改变了地球上的能源和物质的循环，对生态环境产生了重要影响。开采矿产资源要占用和破坏大量的土地，我国每年露天采矿破坏的土地约0.67万至1万公顷。矿产资源开发中排出的各种废弃物和尾矿也要占用大量土地，在我国，仅煤矿石全国就占地约4000公顷。

　　不仅如此，露天采矿还直接导致地面景观的破坏，使大片完整的土层绿地被剥光，基岩裸露，废石遍地。同时，由于大量土石倾倒在山坡上，植被被充土完全覆盖，疏松的土石堆在山坡上，极易形成水土流失。矿产采选冶炼加工过程中排放的污水、废气、废渣造成了对大气、水体和土壤的严重污染。

　　适度开发，优化配置，合理利用矿产资源，降低矿产资源在开发利用过程中的环境代价，是矿产资源保护和可持续利用的主要目标内容。为实现这一目标，应采取以下的途径和措施：一是加强矿产资源管理；二是加强矿产环境保护管

露天采矿

露天采矿造成水土破坏

理，制定和实施矿产资源开发生态环境补偿的政策，减少矿产资源开发的环境代价；三是依靠科技进步，提高资源矿产采掘回收率和利用率。

（二）能源的开发利用与环境保护

能源是指人类取得能量的来源，包括已开采出来可供使用的自然资源和经过加工转换的能量来源。尚未开采出来的能量资源称为资源，不列入能源的范畴。

能源是社会经济发展和人民生活的物质基础，可分为四类，第一类是来自太阳的能量。除了直接的太阳辐射外，煤、石油、天然气等矿物燃料和生物能、水能、风能、海洋能等都是间接来自太阳能；第二类是以热的形式蕴藏于地球内部的地热能；第三类是地球上的各种核能，即原子核能；第四类是太阳和月球等天体对地球的相互吸引引起的能量，如潮汐能。

太阳能

风能

喷涌的地热能

实践证明，能源总消耗量和增长速度与国民经济生产总值及其增长率成正比关系。能源总消耗与人均能源消耗量是衡量一个国家或地区经济发展水平的重要标志。同时，能源消耗量与环境污染程度也存在一定的关系。能量消耗越多，向环境排污也就越多，造成的污染问题也越严重。

人类历史上经历了三个能源时期，即以薪柴为主的时期、以煤炭为主的时期、以石油（包括天然气）为主的时期。目前仍处在以石油为主的时期。

全球能源开发利用存在两大问题：

一是由于煤、石油等化石能源的大量开发和燃烧，造成二氧化碳增加、酸雨、温室效应和臭氧层破坏等恶果。

二是第三世界（主要是发展中国家）约有 13 亿人口能源供应不足，以木材、秸秆、树根、草皮、粪便等做燃料，导致全球植被破坏，水土流失、生态环境恶化。我国能源消费结构以煤为主，是世界上少数几个以煤为主的国家之一。1996年我国年生产、消费 10 亿吨煤，燃煤和煤炭加工与开采产生大量的污染物，对水、土、生物资源等造成损失和破坏，对生态环境造成污染。我国农村 70% 以上居民缺少商品能源，全国农村年耗薪柴、秸秆 2 亿吨上下，大大超过森林生长量，造成森林植被破坏，导致水土流失、水旱风沙等自然灾害频发。

薪柴

薪柴烧水

为了保护全球资源，要运用科学技术来实现对资源合理利用和有效保护的目标：

一是进行"能源革命"，逐步以太阳能、水能、风能等无污染能源代替煤、石油等污染严重的能源，对环境无害的清洁能源的开发利用有利于环境保护；

家用太阳能发电

二是进行"绿色革命"，发展生态农业，减少化肥、农药施用量，保护土地资源和生态环境；

生态农业

林下养鸡

　　三是加快产业革命进程，实现生态农业、生态工业与生态服务业，使传统原材料工业、制造业达到一个较高水平，推广资源节约、资源保护的各项技术；

生态工业

四是提高资源利用率和资源经济效益，减少排污量；

五是实行资源再生产与环境保护紧密结合；

资源再生

六是海洋开发与环境保护协调发展，立足于对污染源的控制和治理。

世界海洋日宣传

海洋垃圾

　　当今世界海洋垃圾日渐泛滥，影响海洋景观，威胁航行安全，并对海洋生态系统的健康产生影响，也对海洋经济产生负面效应。这些海洋垃圾是指海洋和海岸环境中具持久性的、人造的或经加工的固体废弃物，它们一部分停留在海滩上，一部分可漂浮在海面或沉入海底。据资料分析，仅漂浮在太平洋上的海洋垃圾的面积就已达300多万平方千米，超过了印度的国土面积。太平洋上已经形成了一个面积有得克萨斯州那么大的以塑料为主的"海洋垃圾带"。如果不采取措施，海洋将无法负荷，而人类也将无法生存。这些海洋垃圾主要来源于工厂废弃物、农药污染、生活污水排放以及塑料垃圾，它们不仅会造成视觉污染，还会造成水体污染、水质恶化。

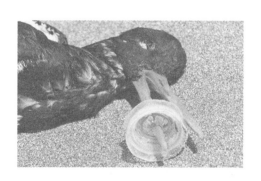

海洋垃圾一

海洋垃圾二

　　海洋垃圾中最大的塑料垃圾是废弃的渔网，有的长达几英里，被渔民们称为"鬼网"。在洋流的作用下，这些渔网绞在一起，成为海洋哺乳动物的"死亡陷阱"，它们每年都会缠住并淹死数千只海豹、海狮和海豚等。其他海洋生物则容易把一些塑料制品误当作食物吞下，例如海龟就特别喜欢吃酷似水母的塑料袋；海鸟则偏爱形状很像小鱼的打火机和牙刷，当它们把这些东西吐出来哺育幼鸟时，弱小的幼鸟往往被噎死。塑料制品在动物体内无法消化和分解，误食后会引起胃部不适、行动异常、生育繁殖能力下降，甚至死亡。海洋生物的死亡最终导致海洋生态系统被打乱。塑料垃圾还可能威胁航行安全。废弃塑料会缠住船只的螺旋桨，特别是被称为"魔瓶"的各种塑料瓶，它们会损坏船身和机器，引起事故和停驶，给航运公司造成重大损失。"绿色和平"组织发现至少267种海洋生物因误食海洋垃圾或者被海洋垃圾缠住而备受折磨，并导致其死亡，这对海洋生物来说是致命的。另外，海洋垃圾可通过生物链危害人类，如重金属和有毒化学物质可通过鱼类的食入而在体内富集，人类吃了这些鱼类势必对人体健康构成威胁。海洋垃圾正在吞噬着人类和其他生物赖以生存的海洋。公众应增强海洋环保意识，不随意向海洋抛弃垃圾，从源头上减少海洋垃圾的数量，以降低海洋垃圾对海洋生态环境产生的影响，共同呵护我们的"蓝色家园"。

三、致力保护我们的环境

习近平总书记指出，金山银山不如绿水青山，就是告诉我们要爱护环境。无论是过去、现在还是未来，也无论对家庭、国家还是世界而言，环境永远是我们的朋友，是我们学习、生活、工作的地方，善待朋友，就是善待我们自己。

保护环境需要做的事情太多了。一些事情必须由党和政府来做，比如制定政策，健全法制。但是有些事情我们每一个人都可以自己去做，做到从我做起，保护环境：

第一，在学习中，要尽量节省文具用品，杜绝浪费，比如，铅笔是用木材制造的，浪费了铅笔就等于毁灭了森林。

第二，少用一次性制品，节约地球资源。应该尽量避免使用一次性饮料杯、泡沫饭盒、塑料袋和一次性筷子，用陶瓷杯、纸饭盒、布袋和普通竹筷子来替代，这样就可以大大减少垃圾的产生。

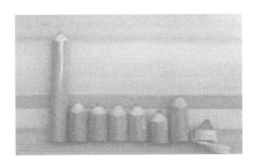

节约铅笔

第三，要爱护花草树木，不破坏城市绿化，并且积极参加绿化植树活动。

第四，购买饮料尽可能选择可回收再利用的罐装饮料。

第五，节约用水，在刷牙时，请关闭水龙头。

第六，慎用清洁剂，尽量用肥皂，减少水污染。

第七，支持绿色照明，人人都用节能灯。注意随时关掉不用的灯和电器，不开长明灯，白天尽量利用自然光。节约1千瓦时电就会少消耗330～400克煤当量的煤，少排放1千克左右的二氧化碳和30克左右的二氧化硫。

第八，使用节用家电，为减缓全球变暖出把力。当你看电视时，记住关掉电脑或收音机；听音乐时，别让电视机和电脑等在一旁空开着耗电。这样既可以节省能源，又不会形成噪声污染。

第九，做"公交族"，以乘坐公共交通工具为荣。

第十，当"自行车英雄"，保护大气，始于足下。自行车是多种代步工具中最省能源的一种，它不需要燃料，在使用过程中又不会排放废气。

第十一，减少尾气排放是每一个开车人的责任。

第十二，珍惜纸张，不寄或少寄贺卡，就是珍惜森林。木材是造纸的主要原料，浪费纸张就等于加入了砍伐森林的行列。珍惜纸张就是在珍惜我们的森林资源。

第十三，买环保电池，防止汞镉污染。充电电池不用频繁更换，对环境更为有利，使用太阳能电池就更好了。

节约用水

绿色公交低碳出行

第十四，选择绿色包装，减少垃圾灾难。购买过度包装的商品是资源和金钱的双重浪费。

自行车绿色出行

杜绝贺卡　　　　　　　　　　环保电池

　　第十五，自备购物袋，少用塑料袋，从而减少了"白色污染"。

　　第十六，交换捐赠多余物品，闲置浪费，捐赠光荣。我们不能超越地球资源的有限性，但却可以通过重复使用来延长它们的寿命。

　　第十七，旧物巧利用，让有限的资源延长寿命。很多旧东西都是可以再使用的，你不妨尝试着把一些原本无用的东西改成一些有用的家居小摆设和用品。

　　第十八，垃圾分类回收，战胜垃圾公害。如回收废塑料，开发"第二油田"；回收废纸，再造林木资源；回收生物垃圾，再生绿色肥料。

　　第十九，保护自然，与自然和谐相处：拒食野生动物；拒用野生动植物制品；不猎捕和饲养野生动物；无污染旅游，除了脚印，什么也别留下。

　　第二十，做环保志愿者，拯救地球。

旧物利用

垃圾分类

　　第二十一，保护海洋，从"我"做起，让我们赖以生存的世界变得完整而美丽。

保护海洋

四、提高全民的生态意识

解决生态问题需要增强生态意识，生态问题产生于人类的生产和生活活动，并随其发展而发展。当人类向环境索取资源的速度超过了资源本身及其替代品的再生速度时，便会出现资源短缺、生态破坏等问题。人类向环境排放废弃物的数量如果超过了环境的自净能力，就会导致环境污染，出现生态问题。

水污染导致鱼类大量死亡

环境污染的发生与片面追求经济增长的发展模式密切相关。为了追求最大的经济效益，人们以牺牲环境为代价换取经济增长，最终导致了严重的环境污染。当前人类所面临的主要环境问题是人口问题、资源问题、生态破坏问题和环境污染问题——全球性生态环境被破坏、森林减少、土地退化及被占用、水土流失、沙漠化、物种消失速度加快等。

生态问题本质上是人的问题、生态观念的问题。个人生态意识的缺乏，是现代生态危机的深层次根源。建设美丽中国，需要在不断培育公民生态意识的基础上进行。

生态意识是个人从人与生态环境整体优化的角度来理解社会存在与发展的基本观念，是个人尊重自然的伦理意识，是人与自然共存共生的价值意识。个人生态意识是衡量一个国家或民族文明程度的重要标志。客观上讲，目前我国国民的生态意识水平还不高。这主要表现在如下几个方面：

一是生态价值意识存在误区。部分人仍固守"人类中心主义"的生态价值观念，缺乏对自然生态敬畏的价值理性。部分人缺乏保护生态应有的境界和眼界，较少从生态均衡、生态保护角度反省自己的行为，往往以人类独尊的心态对待生态环境，浪费自然资源。

二是公民生态责任意识欠缺。由于国家对个人生态责任缺乏明确的要求和必要的调控机制，一些人将保护生态环境视为与己无关的事。

三是生态道德意识尚未通过实践内化为自我规范意识。

四是生态审美意识欠缺。一些人对生态环境缺乏美的欣赏和美的情感。

五是生态忧患意识教育缺席。部分人对生态环境恶化给国家和民族带来的生存威胁熟视无睹。

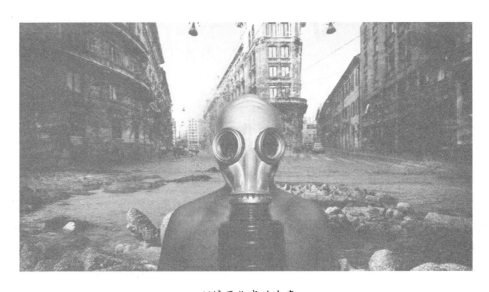

环境恶化威胁生存

六是生态科学意识严重不足。近年来，我国的生态教育虽已展开，但相当多的国民对生态环境仍缺乏科学的认知。

　　七是生态消费意识的扭曲。部分国民无视生态环境的承受力，持及时行乐、无限度满足自我欲望的消费观念。

　　而事实上，有些人的精神观念处于自我矛盾的状态：一方面是需求与消费无度，导致资源消耗加剧、生态环境破坏；另一方面又渴望绿色的生态环境，渴望人与自然和谐发展。

理想与现实

　　全面建成小康社会，实现中华民族伟大复兴，需要大力推进生态文明建设，特别是加强生态文明宣传教育，增强全民生态意识。为此，应着重做好以下几方面工作。

　　第一，实行生态意识教育的全民化和社会化。培养生态意识是个人素质养成的重要内容。对自然生态"尊重的教育"和生态保护"责任的教育"，是人格养成教育的基本任务。目前，我国生态教育在一些领域还存在空白。公民生态意识全民性和终身性教育应成为精神文明建设的重要工程。

　　第二，注重培养全民生态科学意识、生态道德意识、生态审美意识。生态科学意识、生态道德意识、生态审美意识应成为生态教育的主线或内核，融入全部内容之中。通过生态科学意识的培育，让大家用生态科学的理性审视自然、指导生活实践；通过生态道德意识的内化，促使大家将人与生态环境的关系置于道德

生态宜居环境

生态教育

规范之中，自觉履行对生态环境的道德义务；通过生态审美意识的培育，引导大家依据美的尺度审视、调整人与生态环境的关系。

第三，培养国民的生态消费意识。这需要解决两方面的问题：一是培育资源节约意识，杜绝野蛮开发、滥用和浪费自然资源。二是克服需求与消费的异化，让人类的现实需求与自然环境的承受力保持在均衡的状态；营造生态消费的文化氛围，优化消费环境，提倡节俭，反对浪费，使公民的消费观念和消费行为趋于生态化、

生态消费

科学化、健康化，减少超前消费、炫耀性消费、奢侈性消费等无度消费。重要的是，将人们的追求引导到精神文化的创造与需求上，通过精神文化的交往体验，获得生活的幸福感，改变以追求奢华的物质消费获得快乐的狭隘状态，养成绿色的生活方式。

第四，拓展国民生态意识教育大众传播渠道。这是实现公民生态意识教育普及化的重要环节。一方面，理论工作者需深化对生态问题的研究，从多视角审视人、社会与生态的关系，为公民积极参与生态文明建设提供意见和建议；另一方面，生态教育工作者应努力用大众喜闻乐见的话语或形式，普及生态文明知识，增强公众生态意识，促进生态意识教育的广泛传播，着力营造生态文明的浓厚氛围。

第五，弘扬生态文化，夯实生态意识基础。生态文化是人与自然和谐共存、协同发展的文化，是融合现代文明成果与时代精神、促进人与自然和谐共存的重要文化载体，是推进生态文明建设不可或缺的重要力量。国民生态意识的缺乏，实际上也是生态文化的缺乏，因此，培育国民生态意识，需要大力弘扬生态文化。应大力提高公民生态道德素质，树立人对自然的道德责任感，为生态文明建设奠定坚实的思想道德基础；加快发展文化产业，生产更多蕴含绿色环保理念的文化产品；积极营造生态文化氛围，形成制度建设和政策制定的生态文化导向，从而在发展中统筹考虑生态环境目标和经济社会目标，实现人与自然和谐发展。

美丽中国

生态环保，人人有责

第四章 | 茂密森林，人类资源之库

森林是人类成长的摇篮，是人类文明的发祥地。它源源不断地为人类提供衣食住行所需的各种资源，调节着气候环境，在人类的生存发展中发挥着不可替代的作用。

一、包罗万象的森林资源

2017年3月29日，习近平指出："植树造林是实现天蓝、地绿、水净的重要途径，是最普惠的民生工程。要坚持全国动员、全民动手植树造林，努力把建设美丽中国化为人民自觉行动。"的确，植树造林是增加森林资源的主要途径，是生态修复的重要措施，对于生态文明建设具有不可替代的特殊作用。不可想象，没有森林，地球和人类会是什么样子？因此，全社会都要按照党的十八大提出的建设美丽中国的要求，切实增强生态意识，切实加强生态环境保护，把我国建设成为生态环境良好的国家。

森林资源是林地及其所生长的森林有机体的总称。以林木资源为主，还包括林中和林下植物、野生动物及土壤微生物等资源。

林地包括乔木林地、采伐迹地、疏林地、灌木林地、林中空地、火烧迹地、苗圃地和国家规划宜林地。

乔木林地，是指成片的天然林、次生林和人工林覆盖的土地，包括用材林、经济林、薪炭林和防护林等各种林木的成林、幼林和苗圃等所占用的土地。

采伐迹地是宜林地中的一个类别，指采伐后，保留木达不到疏林地标准而没有超过5年的迹地。

森林资源

蔡伦竹海

采伐迹地

疏林地是指树木郁闭度大于或等于 10%、小于 20% 的林地。

疏林地

灌木林地，由灌木树种构成，以培育灌木为目标的或分布在乔木生长范围以外的，以及专为防护用途、植被盖度大于或等于30%的林地。包括人工灌木林地和天然灌木林地两类。

灌木林地

林中空地泛指森林中的无林地。广义上的林中空地泛指森林中间及周边的无林地，包括树林周围的空地、两片树林之间的空地和树林内的空地，即林边空地、林间空地和狭义上的林中空地。我们定义的林中空地是可通过人工造林等方式将原先的无林地改造成有林地的树林中的空地。

火烧迹地指森林中经火灾烧毁后尚未长起新林的土地。

苗圃地指固定的林木育苗地。

国家规划宜林地是指经县级以上人民政府规划为林地的土地，包括宜林荒山荒地、宜林少荒地、其他宜林地。

此外，按物质结构层次划分，林地还可分为林地资源、林木资源、林区野生动物资源、林区野生植物资源、林区微生物资源和森林环境资源六类。

森林资源是地球上最重要的资源之一，是生物多样化的基础，它不仅能够为生产和生活提供多种宝贵的木材和原材料，能够为人类经济生活提供多种物品，更重要的是森林能够调节气候、保持水土、防止或减轻旱涝、风沙、冰雹等自然灾害；还有净化空气、消除噪声等功能；同时，森林还是天然的动植物园，哺育着各种飞禽走兽和生长着多种珍贵林木和药材。森林可以更新，属于再生的自然资源，也是一种无形的环境资源和潜在的"绿色能源"。反映森林资源数量的主要指

火烧迹地

标是森林面积和森林蓄积量。

林中动物

美丽林间

绿色世界

森林面积包括天然起源和人工起源的针叶林面积、阔叶林面积、针阔混交林面积和竹林面积，不包括灌木林地面积和疏林地面积。就目前而言，森林面积只占地球总表面积的 9.4% 左右，也就是约 140000 万公顷。

我们国家的森林覆盖率约 20%，低于世界大多数国家，处于第 139 位，我国的人均值不足世界的 1/4。由于长期以来的过量采伐，我国很多著名的林区森林资源都濒临枯竭。例如长白山、大兴安岭、小兴安岭、西双版纳、海南岛、神农架，这些我国过去著名的林区，现在森林资源都枯竭了，有些地方已经变成了荒山秃岭。森林资源的减少，对人类的危害是严峻的，它加剧了土壤侵蚀，引起水土流失，不但改变了河流上游的生态环境，同时增加了河流的泥沙量，使得河流河床抬高，增加洪水水患，例如 1998 年长江洪水就与上游的森林砍伐就有着密切的联系。

长白山天池

森林蓄积量是指一定森林面积上存在着的林木树干部分的总材积。它是反映一个国家或地区森林资源总规模和水平的基本指标之一，也是反映森林资源的丰富程度、衡量森林生态环境优劣的重要依据。

大兴安岭

西双版纳

神农架

1. 世界森林日

　　"世界森林日",又被译为"世界林业节",英文是"World Forest Day"。这个纪念日是于 1971 年在欧洲农业联盟的特内里弗岛大会上,由西班牙提出倡议并得到一致通过的。同年 11 月,联合国粮农组织(FAO)正式予以确认。联合国大会于 2012 年 12 月 21 日在其第 A/RES/67/200 号决议中宣布每年 3 月 21 日为世界森林日,从 2013 年起举办纪念活动。设立 3 月 21 日为世界森林日的目的是提高各级为今世后代加强所有类型森林的可持续管理、养护和可持续发展的意识。大会在决议中邀请所有会员国根据本国国情在这一天酌情推出和推动与森林有关的具体活动。根据联合国大会会议决议,由经济和社会事务部创建的联合国森林论坛将与粮农组织、各国政府、森林问题合作伙伴关系的其他成员、各国际和区域组织以及利益攸关方,包括民间团体一起,推动落实世界森林日。

2. 国家公园体制

国家公园是指由国家批准设立并主导管理，边界清晰，以保护具有国家代表性的大面积自然生态系统为主要目的，实现自然资源科学保护和合理利用的特定陆地或海洋区域，是我国自然保护地的最重要类型之一，属于全国主体功能区规划中的禁止开发区域，除不损害生态系统的原住民生活生产设施改造和自然观光、科研、教育、旅游外，禁止开发建设活动。

湿地公园

建立国家公园的目的是保护自然生态系统的原真性、完整性，始终突出自然生态系统的严格保护、整体保护、系统保护，把最应该保护的地方保护起来。国家公园强调全民公益性，主要体现在共有、共建和共享上。在有效保护的前提下，为公众提供科普、教育和游憩的机会。国家公园将整合相关自然保护地管理职能，由一个部门统一行使国家公园自然保护地管理职责。部分国家公园由中央政府直接行使所有权，其他的由省级政府代理行使，条件成熟时，逐步过渡到国家公园内全民所有的自然资源资产所有权由中央政府直接行使。

动物保护基地

二、森林是我们的精神家园

　　森林是自然资本的基础，是原始人到人演变发展的见证者，是人类生存和发展的基石。无论是过去、现在还是未来，人类一天也不能离开森林。

　　人类在起源阶段，森林是家园。人类以果为食，以叶当衣，托庇于森林之中。经过成千上万年的自我进化，人类从森林走出来了，但还要依赖森林获取资源。森林在人类社会文明发展的历史进程中，发挥了不可替代的巨大作用。

原始生活

　　农耕社会中，森林为人类的生活直接提供物质产品。工业社会中，森林为社会发展提供材料和能源。现在，据统计，全世界约有16亿人依靠森林为主要生活资源，20亿人依靠森林提供能源。

　　在生态文明社会，森林将全方位为人类提供服务，除继续满足物质需要外，还要为人类提供生态产品和精神产品，并成为人类的精神家园。

　　森林康养指人们将森林环境与现代医学、现代养生学有机结合，配备相应的养生休闲、医疗服务、运动康复、餐饮住宿等设施，开展有益健康的活动。未来

绿色宜居

人们生了病去各类医院，想长寿到森林康养基地，享受森林浴，养足精气神，不用医和药，健康又长寿。森林康养使个人不受罪，家庭不受累，减少医药费，造福全社会。

森林康养

森林休闲

森林运动

森林是一座博大精深的文化库,闪耀着文化的光辉。森林生物之丰富奇妙,蕴藏着无穷的大自然奥秘。森林之美,彰显着艺术的魅力。

银装素裹

高大挺拔的白杨,傲雪凌霜的红梅,坚贞不屈的青松,刚柔相济的翠竹,能使人激发斗志,陶冶情操,催人奋进。生态文明是继工业文明之后诞生的一种新型文明形态,将营造更多的精神产品,满足人类高层次的精神需要,使森林成为人类精神享受的乐园。

如现代著名作家茅盾于1941年所写的一篇散文《白杨礼赞》,以西北黄土高原上"参天耸立,不折不挠,对抗着西北风"的白杨树来象征坚韧、勤劳的北方农民,歌颂他们在民族解放斗争中的朴实、坚强和力求上进的精神,同时对于那些"贱视民众,顽固的倒退的人们"给予了辛辣的嘲讽。文章立意高远,形象鲜明,结构严谨,语言简练。如著名女诗人舒婷于1977年创作的一首现代诗《致橡树》,用"木棉"对"橡树"的内心独白,热情而坦诚地歌唱理想与爱情。

致橡树

舒婷

我如果爱你——
绝不学攀援的凌霄花,

借你的高枝炫耀自己;
我如果爱你——

绝不学痴情的鸟儿，
为绿荫重复单调的歌曲；
也不止像泉源
常年送来清凉的慰藉；
也不止像险峰，
增加你的高度，
衬托你的威仪。
甚至日光，
甚至春雨。
不，这些都还不够！
我必须是你近旁的一株木棉，
作为树的形象和你站在一起。
根，紧握在地下；
叶，相触在云里。
每一阵风吹过，我们都互相致意，
但没有人，

听懂我们的言语。
你有你的铜枝铁干，
像刀，像剑，也像戟；
我有我红硕的花朵，
像沉重的叹息，
又像英勇的火炬
我们分担寒潮、风雷、霹雳；
我们共享雾霭、流岚、虹霓。
仿佛永远分离，却又终身相依。
这才是伟大的爱情，
坚贞就在这里：
爱——
不仅爱你伟岸的身躯，
也爱你坚持的位置，
足下的土地。

在一处青山绿水、绿意盎然、古木参天、鸟鸣山幽之地，享受着物种丰饶、生生不息、万物共生、和谐共存之福，经历着春来赏花、夏能庇荫、秋到采果、冬可避风之季，平添耕读传家、俭以养德、和气生财、随遇而安之乐，思绪可随白云飘飞，思想可同山水走远，志趣可与自然相投，人生可与山水媲美，既可生发居庙堂之高则忧其民、处江湖之远则忧其君的高远志向，又能经历退一步天高地阔、让三分心平气和的民间恩怨，让那种温良恭俭让的乡土文化历久弥新，使我们的内心更加宽容和博大。

现在，无论是步行还是乘车，从道路两旁、公园四处、社区街道、公共场所、农舍周边随处可见的树木和绿荫中，都可以感受到现代化的便捷和力量，这种力量于我们而言就是心中的那片森林，也是我们找寻已久的一种精神寄托。

每个人心里都有一片森林。而这片森林需要我们共建。共建这片森林，也就是构筑我们共有的精神家园。

耕读传家

杏黄繁华

乡间公路

三、森林是美丽中国的核心

"美丽中国"是中国共产党第十八次全国代表大会首次提出的新概念、新理念，十八大报告强调要将生态文明建设放在突出地位，融入经济建设、政治建设、文化建设、社会建设各方面和全过程。

美丽中国

2012年11月8日，中国共产党第十八次全国代表大会在北京召开。胡锦涛在十八大报告中明确指出："建设生态文明，是关系人民福祉、关乎民族未来的长远大计。面对资源约束趋紧、环境污染严重、生态系统退化的严峻形势，必须树立尊重自然、顺应自然、保护自然的生态文明理念，把生态文明建设放在突出地位，融入经济建设、政治建设、文化建设、社会建设各方面和全过程，努力建设美丽中国，实现中华民族永续发展。"

2012年11月15日，新当选的中国共产党总书记习近平在常委见面会上的讲话中讲道："我们的人民热爱生活，期盼有更好的教育、更稳定的工作、更满意的收入、更可靠的社会保障、更高水平的医疗卫生服务、更舒适的居住条件、更优美的环境，期盼着孩子们能成长得更好、工作得更好、生活得更好。人民对美好生活的向往，就是我们的奋斗目标。"

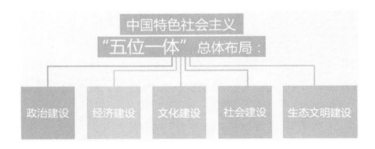

中国特色社会主义"五位一体"总体布局

美丽绿色的宜居环境

　　2015 年 10 月召开的十八届五中全会上，"美丽中国"被纳入"十三五"规划，也是首次被纳入五年计划。我们需要更舒适的居住条件、更优美的环境，生活得更好，那么建设美丽中国，森林资源就是保障，核心就是对森林资源的保护和可持续的发展。

　　2017 年 10 月 18 日，中国共产党第十九次全国代表大会在北京召开。习近平

林中休息

总书记在党的十九大报告中明确指出："加快生态文明体制改革，建设美丽中国。从十九大到二十大，是'两个一百年'奋斗目标的历史交汇期。我们既要全面建成小康社会、实现第一个百年奋斗目标，又要乘势而上开启全面建设社会主义现代化国家新征程，向第二个百年奋斗目标进军。第一个阶段，从二〇二〇年到二〇三五年，在全面建成小康社会的基础上，再奋斗十五年，基本实现社会主义现代化。到那时，生态环境根本好转，美丽中国目标基本实现。"

2018 年 5 月 18 日，习近平总书记出席全国生态环境保护大会并发表重要讲话。习近平总书记指出要通过加快构建生态文明体系，确保到 2035 年，生态环境质量实现根本好转，美丽中国目标基本实现。到 21 世纪中叶，物质文明、政治文明、精神文明、社会文明、生态文明全面提升，绿色发展方式和生活方式全面形成，人与自然和谐共生，生态环境领域国家治理体系和治理能力现代化全面实现，建成美丽中国。

建设生态文明，是关系人民福祉、关乎民族未来的长远大计。面对资源约束趋紧、环境污染严重、生态系统退化的严峻形势，必须树立尊重自然、顺应自然、保护自然的生态文明理念，把生态文明建设放在突出地位，融入经济建设、政治建设、文化建设、社会建设各方面和全过程，努力建设美丽中国，实现中华民族永续发展。

　　森林是陆地生态系统的主体，不仅具有木材生产等经济功能，还具有休闲游憩等社会功能，以及固碳释氧、涵养水源、保育土壤、净化空气等生态功能。

森林氧吧

　　森林可以固碳释氧。树木具有吸收二氧化碳、释放氧气的作用，森林生态系统是地球上最大的碳库，地球上绿色植物吸收的二氧化碳中森林占了70％；空气中60％的氧气是由森林植物产生的。据测算，我国森林植被的总储碳量达到84亿吨，年吸收二氧化碳约4.5亿吨，在减排中发挥着重要作用。

　　森林可以涵养水源。树木能增加土壤孔隙，截留天然降水，从而使森林具有调节流量的作用，即洪水期能蓄积水流，枯水期又能释放出来。据测算，我国森林年涵养水源量约5800亿立方米，相当于15个三峡水库的最大库容量。

　　森林可以保育土壤。森林中的活地被物和凋落物，能层层截留降水，大大减少水土流失量；同时树木的根系能固持土壤，改善土壤结构，减少土壤肥力损失。据测算，我国森林年固土量约82亿吨，年保肥量4.3亿吨，相当于我国化肥年产能的2倍多。

涵养水源

保育土壤

森林可以净化空气。森林是天然的吸尘器，可吸收空气中的二氧化硫、氮氧化物等有毒气体，吸附空气中的粉尘和微粒（PM 2.5 等），还能降低噪声和提供负氧离子，净化和改善大气环境。据测算，我国森林年吸收污染物量 0.38 亿吨，年滞尘量达 58 亿吨。

森林可以防风固沙。可通过播种一些耐干旱的沙生植物，改善沙漠化土地，增加风沙流的运动阻力，促使沙粒沉积，控制和固定流沙。其之所以能固定流沙，是因为沙生植物有发达的根系，能固结沙粒，加上枯枝落叶腐烂后有机质聚集，促进了沙的成土作用，改变沙地性质，使得流沙趋向固定。森林可以防止沙漠化，以及保护农田、牧场、交通路线和居民点不受沙流侵害。

防风固沙

此外，森林在护岸固堤、防洪消浪以及保护生物多样性等方面还发挥着重要作用。正因为森林具有上述多方面的生态服务功能，林业在我国生态建设中的主体地位和在应对气候变化中的特殊地位不可替代。

护岸固堤

四、让我们一起呵护森林

森林是我们的物质和精神家园，是建设美丽中国的核心要素。人类的生存和发展与森林息息相关，让我们一起来保护森林、守卫家园吧！

森林是我们的家园

世界上共有森林面积 38.6 亿公顷，占世界陆地面积 30% 左右。森林主要分布在南北美洲、亚洲北部和东南部以及赤道附近。其中森林资源最丰富的国家是巴西。我国的森林覆盖率很低，天然林主要分布在东北、西南地区。东南部地区和台湾地区主要是人工林。

由于我国人口多，因此人均林地面积相对很少。过去毁林开荒、乱砍滥伐，使我国本来就不多的森林资源破坏非常严重。火灾、虫灾等也加剧了对森林的破坏。面对森林严重不足的现状，对现有森林资源的保护就日益重要。那么，如何才能保护好森林呢？

林间秋韵

（一）健全森林法制、加强林业管理

　　要管好林业，一是建立和完善林业机构；二是加强林业法制宣传教育；三是严格控制森林采伐计划、采伐量、采伐方式；四是严格执行采伐审批手续；五是重视森林火灾和病虫害的防治；六是用征收森林资源税的方法，加强森林保护。

生态加油站

常见的涉林犯罪

　　保护森林绝不能仅仅停留在口头上，而应当落实于实践。如果对森林保护不上心，不在意，故意或过失地破坏森林，换来的可能是几年铁窗生涯。

　　（1）失火罪。因过失引发森林火灾，过火林地面积达到二公顷以上或者灌木林地等疏林地面积四公顷以上的，将构成此罪。情节较轻的，处三年以下有期徒刑或者拘役。

　　（2）非法占用农用地罪。因违反国家的土地管理法规，非法占用耕地和林地等农用地，改变原有土地用途，数量达到一定标准的，构成此罪。处五年以下有期徒刑或者拘役，并处或者单处罚金。

（3）盗伐林木罪/滥伐林木罪。盗伐林木是指违反森林法规定，擅自砍伐非自己所有的林木，达到一定数量的犯罪行为；滥伐林木是指违反森林法规定，未经许可或者超越林木采伐许可证的规定，擅自砍伐本人所有或者单位所有的林木。情节较轻的，处三年以下有期徒刑、拘役或者管制，并处或者单处罚金。

（4）非法采伐、毁坏国家重点保护植物罪。指违反国家规定，非法采伐、毁坏珍惜珍贵树木或者国家重点保护的其他植物的，构成非法采伐、毁坏国家重点保护植物罪，处三年以下有期徒刑、拘役或者管制，并处或者单处罚金。

保护森林

（二）合理利用天然林区

利用森林资源，一定要合理采伐，伐后及时更新，使木材生长量和采伐量基本平衡。同时要提高木材利用率和综合利用率。

（三）营造农田防护林，加速平原绿化

我国应尽快建立起西北、华北等地区的农田防护林，发挥森林小气候作用，抗御自然灾害。积极推广农林复合生态系统的建设。提高单位面积上的生物生产

合理采伐林木

森林采伐限额

力和经济效益，同时提高系统的稳定性、改善土地和环境条件，减少水土流失。

农田防护林

（四）开展林业科学研究

重点开展对森林生态系统生态效益、经济效益、环境效益三者之间关系的研究。特别是在取得经济效益的同时注意改善生态状况，力求生态、经济、环境三者相对协调发展。

（五）控制环境污染对森林的影响

大气污染物如 SO_2、臭氧（O_3）、酸雨及酸沉降等都能对森林产生不同伤害，影响植物的生长、发育。水污染和土壤污染随着污染物的迁移、转化也将对森林产生影响，控制环境污染对森林的影响有助于森林资源的保护。

以上都是政府层面的保护森林资源的方法与措施，那么，作为身处其中的每一个公民，我们该如何爱护森林资源呢？

总体来说，我们要节约使用和充分利用森林资源：积极参与植树；积极宣传爱护森林的好处；书本、稿纸等要节约使用，不能没用完就扔掉，也不拿没写过的纸张折飞机之类的小工艺品等，用完的纸张卖给废品回收站进行回收后再利用；不乱砍滥伐、任意践踏花草树木，积极参加植树造林，爱护花草树木；不使用

林业科学研究

北海红树林枯死

一次性的东西，如纸杯、木筷等。让我们一起行动起来，节约使用、充分利用我们有限的森林资源，爱护森林，守卫家园。

生态加油站

一次性筷子的危害

一次性筷子是日本人发明的。日本的森林覆盖率高达65%，但他们却不砍伐自己国土上的树木来做一次性筷子，全靠进口。我国的森林覆盖率不到14%，却是出口一次性筷子的大国，我国北方的一次性筷子产业每年要向日本和韩国出口150亿双木筷。全国每年生产一次性筷子消耗木材130万立方米，相当于减少森林蓄积200万立方米。

很多人喜欢用一次性筷子，认为它既方便又卫生，使用后也无须清洗，一扔了之。然而，正是这种吃一餐就扔掉的东西加速着对森林的毁坏。森林是二氧化碳的转换器，是降雨的发生器，是洪涝的控制器，是生物多样性的保护区。这些功能是生产一次性筷子所得的效益远不能及的。让我们少用一次性筷子，出外就餐时尽量自备筷子，或者重复使用自己用过的一次性筷子。

第五章 | 生态湖南，美丽家园之居

生态环境是人类生存和发展的基本条件，草木葱茏、绿树成荫、鸟语花香、空气清新的生态之地是我们梦寐以求的理想之居。长期以来，湖南省委、省政府高度关注生态建设，在资源节约型、环境友好型社会的建设实践中，开启了共筑美好、洁净、美丽湖南的新篇章。

一、顶层设计描绘生态新蓝图

绿色发展不能简单地等同于绿化，而是发展理念、发展方式、发展模式上的重大变革，绿色是导向、是路径，发展是根本、是目标，只有坚持绿色发展，才能打开"绿水青山"与"金山银山"相得益彰、共建共生的发展新视野、新局面。这一理念得到了湖南省委、省政府领导的极度重视，湖南省的发展从布局谋篇、顶层设计到落地实施的具体工作，无不彰显生态建设这个重点。2010 年 7 月，湖南就提出"以建设'两型社会'作为加快经济发展方式转变的方向和目标，以新型工业化、新型城镇化、农业现代化、信息化为基本途径，率先建成资源节约型、环境友好型社会，争做科学发展排头兵"，对全省"两型社会"建设进一步做出了全面部署。2012 年 4 月，《绿色湖南建设纲要》的颁布实施促使覆盖全省的绿色战略规划体系与推进机制全面形成。2017 年 5 月，环境保护部办公厅、发展改革委办公厅印发《生态保护红线划定指南》，以此指导全国生态保护红线划定工作，保障国家生态安全。2018 年 6 月，湖南省人民政府印发《湖南省污染防治攻坚战三年行动计划（2018—2020 年）》，以此推进转型升级，加快形成绿色发展方式，强化精准治污，着力解决环境突出问题，并树立红线意识，加大生态系统保护力度，打赢污染防治攻坚战。

2012 年 4 月湖南省发布《绿色湖南建设纲要》

2010 年 7 月湖南省出台《关于加快经济发展方式转变推进"两型社会"建设的决定》

建设生态文明，事关人民福祉和民族未来。绿色湖南借鉴吸收了法治湖南、创新湖南、数字湖南建设纲要中的涉绿内容，将四个湖南建设相衔接，其中，绿色是发展大势，是目标和方向，创新是发展的动力和活力，数字化是重要支撑，法治是制度保障。2016 年 1 月 30 日经湖南省第十二届人民代表大会第五次会议批准的《湖南"十三五"规划纲要》把生态文明建设摆在了更高位置，将推进新型工业化、农业现代化、城镇化、信息化、绿色化"五化同步"作为发展路径。为了落实"最严格的制度、最严密的法治"要求，围绕"源头严防、过程严管、后果严惩"方略，湖南省率先出台了全国首个省级生态文明体制改革实施方案，明确到2020 年，初步形成系统完备、科学规范、运行有效的生态文明制度体系。为贯彻落实党的十九大精神，坚决打好污染防治攻坚战，根据党中央、国务院关于打好污染防治攻坚战的决策部署，结合我省实际，湖南省人民政府于 2018 年 6 月 20日印发《湖南省污染防治攻坚战三年行动计划(2018—2020 年)》。

2016 年 9 月湖南省通过《关于深化长株潭"两型"试验区改革加快推进生态文明建设的实施意见》

(一)推进绿色湖南，加大生态文明建设的重大意义

　　建设绿色湖南，体现了全省人民的共同意志。《湖南省委、省政府关于加快经济发展方式转变推进"两型社会"建设的决定》提出，"在全社会培育弘扬生态文明理念，发展绿色产业，倡导绿色消费，推动绿色发展，建设'绿色湖南'"。建设"绿色湖南"，就是要使湖南经济社会发展遵循自然规律、经济规律和社会发展规律，与生态环境容量相适应，不以损害和降低生态环境的承载能力、危害和牺

牲人类健康为代价，追求经济、社会与生态环境低碳、节约、循环、创新、责任、平衡、可持续发展，以实现生产、生活与生态三者互动和谐、共生共赢为目标，最终实现湖南生态健康、经济绿化、社会公正和人民幸福。

通向生态文明的绿色天地

　　实现绿色发展是建设"两型社会"的必然选择。建设"绿色湖南"是转变发展方式、实现"两型社会"的必经之路，湖南正处于工业化、城镇化中期，面临资源环境日益严重的约束，绿色发展可以破除湖南发展过程中生态环境约束和自然资源瓶颈。它既符合省情，更是对中央"转方式、调结构"要求的准确领悟和创新实施。绿色湖南，代表着一种生态文明的理念，寓意着绿色产业、绿色消费、绿色发展。湖南站在新的发展历史起点上，敢于担负绿水青山的保护责任，勇于承担可持续的发展责任。

（二）推进绿色湖南，加大生态文明建设的总体要求

　　党的十八大把生态文明建设纳入中国特色社会主义事业"五位一体"总体布局，对生态文明建设做出了新的战略部署，党的十九大也强调明确中国特色社会主义事业总体布局是"五位一体"，应统筹推进"五位一体"总体布局，这都为绿色湖南建设指明了方向，也为我们进一步推动绿色湖南建设提供了重大机遇和强大

全国生态文明教育基地——湖南环境生物职业技术学院校园一角

动力。以加快转变经济发展方式为主线，以"两型社会"建设为引领，以生态建设、节能减排和环境治理为重点，从人民群众的根本利益出发，坚持科学发展、坚持生态优先、坚持机制创新、坚持共建共享，发展绿色产业，倡导绿色消费，弘扬绿色文化，探索资源节约、环境友好的生产方式和消费模式，将绿色发展理念贯穿到新型工业化、新型城镇化、农业现代化和信息化建设全过程，以最小的资源环境代价谋求经济社会最大限度的发展，实现绿色崛起，提高广大人民群众幸福指数。走出一条生产发展、生活富裕、生态良好的可持续发展道路，使广大人民群众共享生态文明建设成果。

（三）推进绿色湖南，加大生态文明建设的主要指标

生态环境质量明显改善，资源能源利用效率显著提高，绿色生产特征日益凸显，绿色消费模式逐步形成，绿色文化氛围渐趋浓厚，基本实现经济社会和资源环境协调发展。

1.绿色环境指标

森林覆盖率稳定在57%以上；森林蓄积量达到4.74亿立方米；湿地保护率达到70%；水土流失面积比例低于16%；耕地保有量达到5655万亩；城市建成

区绿化覆盖率达到40%；集中式饮用水源达标率达到95%；市州城市全年空气质量优良天数比率达到90%；县以上城市垃圾无害化处理率达到100%；城市污水处理率达85%以上，长株潭三市PM 2.5浓度控制在国家标准以内。

九峰山户外活动历险

2. 绿色生产指标

能源消费总量、单位地区生产总值能耗、二氧化碳、二氧化硫、化学需氧量、工业固体废弃物排放强度控制在国家下达的目标以内；万元工业增加值用水量降低30%；农田灌溉水有效利用系数达到0.55；战略性新兴产业增加值占地区生产总值的比重超过20%。

3. 绿色消费指标

新建建筑设计和施工阶段节能标准执行率达到100%；中心城区公共交通出行比例达到55%；"三品一标"（无公害农产品、绿色食品、有机食品、地理标识产品）认证比例达到80%。

4. 绿色文化指标

在校学生生态文明教育普及率达90%以上；城乡居民生态文明宣传普及率达80%以上；全省文明城市创建覆盖面达到90%；文明行业创建覆盖面达到80%；

文明村镇创建覆盖面达到70%。

　　到2020年，初步建成山清水秀的生态环境体系、低碳环保的绿色产业体系、可持续利用的资源支撑体系、优美舒适的人居环境体系、和谐共生的绿色文化体系和高效运行的绿色管理体系，全面增强经济社会可持续发展能力，基本实现生态良好、环境优美、经济繁荣、人民幸福、社会和谐。

美丽神奇的神农谷

　　建设绿色湖南既是一项长期任务，是一个渐进过程，也是保障和改善民生问题的现实选择。在未来文明发展潮流中，一个没有生态优势的国家和地区，不可能赢得优势，湖南以绿色规划为引领、绿色改革为动力、绿色治理为重点、绿色转型为目标、绿色共建为依托，主动作为、先行先试，赢得主动，赢得未来。加快建设"两型社会"建设必须大幅提高生态承载力，大幅提高资源利用效率，丰富生态产品、优化生态环境、解决生态问题，大幅推进节能减排，大幅改善城乡生态环境，让人民群众生活得更加幸福、更有尊严。实现这些目标，要以实实在在的行动，真正对人民负责，对未来负责，对子孙后代负责，依靠绿色湖南建设来支撑、来推动、来保障。

二、"两型"建设秀出绿色新湖南

　　"两型社会"建设是生态文明建设和绿色发展的重要内容。湖南"两型社会"建设能够得到长足发展，单位 GDP 能耗持续下降，节能减排任务超进度完成，主要江河水质和空气质量明显改善，2015 年地区生产总值为 2007 年的 3.18 倍，三次产业结构由 2007 年的 17.6：42.7：39.7 调整为 2015 年的 11.5：44.6：43.9，高新技术产业增加值占 GDP 比重达 21.1%，主要得益于湖南省初步探索出了一条经济社会发展与生态环境保护双赢的绿色发展之路。

魅力长沙欢迎你

（一）创新市场化环境保护与治理机制，使生态价值"更高"

　　"谁多消耗、谁多买单"，2012 年长株潭三市试行居民水、电、气阶梯价，随后在全省推开实行；"多排污就得多花钱"，用市场之手引导节能减排。先后批复成立湖南省交易中心和 9 个交易所，累计收缴排污权有偿使用费、交易金额均过亿元；启动水资源使用权确权登记和水权交易试点，出台《湘江流域生态补偿（水质水量奖罚）暂行办法》，上游超标排放或环境责任事故对下游赔偿，下游对上游水质优于目标值补偿。加大对重点生态功能县的财政转移支付力度，变"要我保护"为"我要保护"，绿水青山成为老百姓的幸福靠山。

（二）创新产业进退与土地管理机制，使资源环境"更优"

　　实行严格的产业准入，近年先后否决达不到节能环保要求的项目500多个；坚决淘汰落后产能，对高耗能高污染企业实行差别电价、惩罚性电价，666家差别电价政策企业中654家实现关停并转和产业技术升级，74家惩罚性电价企业中28家技改后达标、3家关停转产；强化"两型"需求导向，"十二五"全省"两型"采购超过4800亿元，拉动9600亿元社会需求；创新土地管理机制，成功探索出农民安置、城市建设、开发园区、新农村建设、道路建设等节地模式。

生态加油站

守护湖南"母亲河"

　　长江一级支流湘江是湖南的母亲河，浩荡900千米，流经全省8市67县，注入洞庭湖，最终汇入长江，哺育着沿岸4000多万湖湘儿女，生态地位极其重要。过去，在湘江两岸，工矿企业林立、养殖密集、采砂挖沙、污水无序排放，重金属污染物消纳量一度占全省七成，成为我国污染最为严重的河流之一。

"母亲河"湘江

　　2013年9月，湘江保护与治理被列为省政府"一号工程"。2015年，湘江流域退耕还林还湿试点工作启动调研；2017年，流域8市试点工作全面铺开，为流域湿地再现生机探索新途。

百鸟翔集，鱼跃鹭飞。走进湘潭县杨嘉桥镇寻笔港，沿着管护廊道便可深入湿地腹地。来到湿地内，眼前碧波荡漾、草木丰美，鸟儿在这里翻跹戏水，从前荒芜的田地摇身一变，为我们呈现出一幅"落霞与孤鹜齐飞"的美丽湿地图景。在附近一处池塘旁，一位正在垂钓的长者说，以前这里都是荒田，水坝无水，污染严重，现在碧水荡漾，鱼儿也回来了。"通过实施退耕还林还湿，开展湿地生境恢复，营造人工湿地和森林生态系统，发挥湿地、森林生态系统水源涵养、污染净化能力，改善水质，确保了全流域水生态安全。"湘潭市林业局局长李伟清说。

2017年，湘江流域退耕还林还湿工程共完成省级退耕还林还湿试点面积4631亩。试点区植物种类平均增加20种，动物种类平均增加5种。试点区截流净化农业面源污染总面积约17万～28万亩，年净化污水约8644万立方米，湿地净化污水成本每吨仅0.075元。检测结果表明，面源污染水质通过湿地净化后由近Ⅴ类提升至Ⅳ甚至局部达Ⅲ类。

江边垂钓

目前，全省以"一湖四水"为主体的湿地生态保护格局已基本成形，不仅有效保护了全省重要湿地生态系统及珍稀濒危野生动植物资源，对促进经济社会可持续发展也发挥出更加重要的作用。在洞庭湖区，53种常见鱼类种群数量逐步增加，2017年冬季杨树清理迹地湿地植被较上轮监测增加6种。麋鹿为国家一级保护动物。1998年长江发生洪灾，10多只麋鹿从湖北石首天鹅洲逃逸至东洞庭湖区，经过 20 年的繁衍，目前有 182 只，已形成稳定的东洞庭湖亚群，成为洞庭湖中最年轻、发展潜力最大和野化程度最高的一个亚群。有"水中大熊猫"之美誉的中华秋沙鸭，在五强溪、沅水国家湿地公园等地频繁出现，共记录到 178 只，且数量逐年增加，分布区域明显扩大。湘江湘潭段和洞庭湖区均发现了野生娃娃鱼，南洞庭湖 2018 年发现已有青头潜鸭繁殖栖息，在龙湾国家湿地公园首次发现了全球极危物种海南鸭……

三、同心铸造绿水青山美湖南

(一)围绕水更清,打好水污染治理战

大力实施湘江保护与治理省政府"一号重点工程",专门颁布《〈湖南省湘江保护条例〉实施方案》,开展湘江两岸工业污染场地、遗留废渣、企业环保设施改造、城镇污水截流和规模畜禽养殖退出等重点污染治理,累计实施重点治理项目1422个、淘汰关闭涉重金属污染企业1018家。五大重点区域实行"一区一策"综合整治。湘江干流500米以内年出栏300头以上规模养殖及4558口养殖网箱全部退出,17个县市区明确规模养殖"三区"划定方案。加强湖泊和重点水源保护。通过治理,长株潭水环境功能区水质达标率100%,湘江流域重金属平均浓度逐年下降,湘江干流水质连续达到或优于Ⅲ类标准。全省主要江河Ⅲ类以上水质达到96.9%。

(二)围绕山更美,打好健康森林绿化战

"山水林田湖是一个生命共同体,人的命脉在田,田的命脉在水,水的命脉在山,山的命脉在土,土的命脉在树。"习近平总书记深刻而精辟地指出了健康森林的重要性。山好水好,全靠林好;气净土净,方能水净。湖南人以其"吃得苦、霸得蛮、耐得烦"的倔强,通过一以贯之的坚持,使全省的森林覆盖率远远高于世界34%和全国20%的平均水平,达到了57.52%,并在此基础上,于2014年开始,林业部门推出健康森林计划,发展珍贵树种、景观树种。继续实施了退耕还林、长(珠)江防护林、石漠化综合治理等重点工程项目,经营健康森林。"十二五"完成营造林450.49万公顷,营造林质量5年均居全国第一。到"十二五"末,全省林地面积1299万公顷、森林覆盖率达59.57%、活立木总蓄积量5.05亿立方米。生物多样性得到有效保护。全省建成自然保护区191个、总面积136.84万公顷,森林公园126个、总面积49.42万公顷,分别占国土总面积的6.46%、2.30%。全省国家和省级公益林由474.60万公顷增至498.06万公顷,全省林地面积由1003.60万公顷提高到1102.28万公顷,森林固碳、制氧、储能、蓄水、保土保肥等生态效益总价值达到1.01万亿元,青山绿水的生态优势得到进一步巩固。

湿地公园，人与自然和谐相处

(三)围绕天更蓝，打好大气污染防治战

实施重污染天气应急管理、大气污染特护期联动响应、重污染天气预警预报机制，PM 2.5 实时监测和数据覆盖全省 14 个市州；强化源头治理，对城市建筑和道路扬尘治理及燃煤锅炉、餐饮油烟整治。推进机动车排气污染防治工作，仅2014 年就淘汰黄标车及老旧车 17.1 万台；大力加强护绿增绿，在长株潭三市接合部创新性地设立绿心地区，建成长约 130 千米的湘江风光带；全省 2015 年无严重污染天气，14 个城市空气质量平均达标天数为 284.3 天，占比 77.9%，与 2014年相比，长株潭及岳阳、常德、张家界等 6 个环保重点城市空气质量平均达标天数比例上升 8.1%。

(四)围绕湿地美，打好退耕还湖还湿战

五年来，湖南省的湿地面积(除水稻田外)稳定在 102 万公顷，国家级湿地公园增至 60 处，湿地保护率达 72%。总面积 21.57 万公顷，分别占国土总面积的1.02%。洞庭湖作为湖南的母亲湖，这块稀缺的湿地资源得到了国际社会的认可。为保护好湿地，2018 年 1 月 1 日《国家湿地公园管理办法》开始实施，有效期至 2022 年 12 月 31 日。

泪罗江湿地公园美景

地球之肾——湿地

　　地球有三大生态系统，即森林、海洋、湿地。湿地，泛指暂时或长期覆盖水深不超过 2 米的低地、土壤充水较多的草甸以及低潮时水深不过 6 米的沿海地区，包括各种咸水淡水沼泽地、湿草甸、湖泊、河流以及洪泛平原、河口三角洲、泥炭地、湖海滩涂、河边洼地或漫滩、湿草原等。《湿地公约》将湿地定义为，不问其天然或人工，长久或暂时性的沼泽地、带有泥炭的沼泽、泥炭地或水域地带、带有或禁止或流动、或为淡水、半咸水或咸水水体者，包括退潮时不超过 6 米的水域。湿地还包括邻接湿地的河湖沿岸、沿海区域以及位于湿地内的岛屿或低潮时水深超过 6 米的海水水体。

　　湿地享有"地球之肾"的美誉，是世界上最复杂的高生产力生态系统，通常分为自然和人工两大类。自然湿地包括沼泽地、泥炭地、湖泊、河流、海滩和盐沼等，人工湿地主要有水稻田、水库、池塘等。全世界自然湿地 855.8 万平方千米，仅占陆地面积的 6.4%，却为所有 20% 的物种提供了栖息繁殖地，具有不可替代的生态功能。

湖南省新化龙湾国家湿地公园

（1）提供水源，补充地下水。湿地常常作为居民生活用水、工业生产用水和农业灌溉用水的水源。溪流、河流、池塘、湖泊中都有可以直接利用的水。其他湿地，如泥炭沼泽森林可以成为浅水水井的水源。从湿地渗入蓄水层的水是地下水系的一部分，如果湿地受到破坏或消失，就无法为地下蓄水层供水，地下水资源就会减少。

（2）调节流量，控制洪水。湿地可以在暴雨和河流涨水期储存过量的降水，均匀地把径流放出去，减弱危害下游的洪水。1998年的长江、松花江特大洪水，灾情严重，给国家和人民的生命财产造成极大的损失，这与沿江湖泊的蓄洪能力减弱有直接关系。

（3）防风、保护堤岸。湿地中生长的植被可以抵御海浪、台风和风暴的冲击力，防止其对堤岸和海岸的侵蚀，同时它们的根系可以固定、稳定堤岸和海岸，保护沿海工农业生产。

（4）净化污水，清除和转化毒物和杂质。湿地有助于减缓水流的速度，当含有毒物和杂质（农药、生活污水和工业排放物）的污水经过湿地时，流速减慢，有利于毒物和杂质的沉降和排除。此外，一些湿地植物像芦苇、水葫芦能有效地吸收有毒物质。在现实生活中，不少湿地可以用作小型生活污水处理地。

（5）保留营养物质和碳。流水流经湿地时，其中所含的营养成分被湿地植被所吸收，或者积累在湿地泥层中，净化了下游水源。湿地中的营养物质养育了鱼虾、树木、野生生物和湿地农作物。此外，湿地是地球上碳储量最大的陆地生态系统。约占地球面积的6%的湿地，其碳储量达450 Gt（1 Gt = 10^9 t），约占陆地生态圈总碳量的20%。

（6）防止盐水入侵。沼泽、河流、小溪等湿地向外流出的淡水限制了海水的回灌，沿岸植被也有助于防止潮水流入河流。但是，如果过多抽取或排干湿地，破坏植被，淡水流量就会减少，海水可大量入侵河流，危及人们生产、生活及生态系统。

（7）提供食物和各种资源。湿地可以给我们提供多种多样的产物，包括木材、药材、动物皮革、肉蛋、鱼虾、牧草、水果、芦苇等，还可以提供水电、泥炭、薪柴等多种能源。

（8）保持小气候。湿地可以影响小气候。湿地水分通过蒸发成为水蒸气，然后又以降水的形式降到周围地区，保持当地的湿度和降雨量。湿地如果被破坏，就会减少当地的雨量，影响当地人民的生活和工农业生产。

（9）野生动物的栖息地。湿地是鸟类、鱼类、两栖动物、爬行动物的繁殖、栖息、迁徙、越冬的场所，其中有许多是珍稀、濒危物种。

湿地公园，动物自由生活

（10）航运价值。湿地的开阔水域为航运提供了条件，具有重要的航运价值，沿海沿江地区经济的迅速发展主要依赖于此。

（11）旅游休闲和美学价值。湿地具有自然观光、旅游、娱乐等美学方面的功能，蕴含着丰富秀丽的自然风景，成为人们观光游览的好地方。

（12）教育和科研价值。复杂的湿地生态系统、丰富的动植物群落、珍贵的濒危物种等，在自然科学教育和研究中都有十分重要的作用。有些湿地还保留了具有宝贵历史价值的文化遗址，是历史文化研究的重要场所。

生活小贴士

指定国际重要湿地的标准

标准1：如果一块湿地包含适当生物地理区内一个自然或近自然湿地类型的一处具代表性的、稀有的或独特的范例，就应被认为具有国际重要意义。

标准2：如果一块湿地支持着易危、濒危或极度濒危物种或者受威胁的生态群落，就应被认为具有国际重要意义。

标准3：如果一块湿地支持着对维护一个特定生物地理区生物多样性具有重要意义的植物和/或动物种群，就应被认为具有国际重要意义。

标准4：如果一块湿地在生命周期的某一关键阶段支持动植物种或在不利条件下对其提供庇护场所，就应被认为具有国际重要意义。

标准5：如果一块湿地定期栖息有2万只或更多的水禽，就应被认为具有国际重要意义。

标准6：如果一块湿地定期栖息有一个水禽物种或亚种某一种群1%的个体，就应被认为具有国际重要意义。

标准7：如果一块湿地栖息着绝大部分本地鱼类亚种、种或科，其生命周期的各个阶段、种间和/或种群间的关系对湿地效益和/或价值具有代表性，并因此有助于全球生物多样性，就应被认为具有国际重要意义。

人间仙境——新化紫鹊界梯田

（五）围绕地更净，打好土壤污染整治战

　　完成洞庭湖区、衡阳盆地、湘江流域南部等 8.75 万平方千米地区调查采样，继 2014 年在长株潭重点区域开展 170 万亩重金属污染耕地的治理和种植结构调整试点的基础上，2015 年将试点区域周边 43.15 万亩插花丘块和湘江流域 60.86 万亩耕地纳入试点范围；加强矿山地质环境恢复治理，衡阳、湘潭、郴州等市以地方政府投融资公司为平台，2013 年以来在全国率先发行 67 亿元重金属污染治理专项债券，带动近 200 亿元投资；探索出"分户减量、分散处理"和"以县为主、市级补贴、镇村分担、农民自治"模式，被誉为"农村生活方式的一次深刻变革"。2015 年，湖南被确定为全国农村环境综合整治全省域覆盖唯一试点省份。

（六）围绕路更靓，打好三边通道绿化战

　　近五年，湖南省投入"路边、水边、城边"的造林资金量很大、成绩显著。比如武广高速铁路通车之后，为了把武广高铁这条路绿化好，财政一次性拿出资金 4000 万元，林业部门整合资金投入 4 个亿，总计 4.4 亿元。除了继续搞好三边绿化，2014 年开始正式将居民房前屋后的绿化建设提上议事日程。

生态加油站

3万亩洞庭湖竟成"私家湖泊"？

被誉为"长江之肾"的洞庭湖，是我国乃至世界范围内的重要湿地。可2018年5月，有媒体报道称，位于东洞庭与南洞庭交汇处，横跨湖南岳阳、益阳两市，被河流冲刷出的一片巨大湖洲——下塞湖，自2001年以来被私营企业主逐步改造，圈湖筑围，形成了面积近3万亩的"私家湖泊"。有专家称，"私家湖泊"的矮围存在时，一到冬天，内部的鱼被私人捕捞一空，候鸟都吃不到，不再往这里飞，严重影响了当地的自然生态环境。

私建矮围

"根据我国湿地保护管理规定，开垦、填埋或者排干湿地，破坏野生动物栖息地和迁徙通道、鱼类洄游通道，擅自放牧、捕捞、取土、取水、排污都是被禁止的。"南洞庭湖自然保护区沅江市管理局副局长万献军表示。

公开信息显示，洞庭湖涨水为湖，落水为洲，其中的漉湖芦苇场被誉为"江南第一苇场"。20世纪90年代开始，芦苇地被陆续承包给企业。2001年，由于芦苇市场低迷，有企业发现其承包的芦苇地不太挣钱，于是建堤圈地，在里面种树、养鱼。

经查，2001年以来，沅江市私营企业主夏顺安以生产和销售芦苇的名义，先后多次与湘阴县湖洲管理委员会和沅江市漉湖芦苇场签订合同，在下塞湖开沟挖渠，筑围修路，经营芦苇；2008年至2011年，夏顺安与岳阳市湘阴县和益阳市的沅江市湖洲管理部门违规续签长期承包合同，非法围垦湖洲、河道，擅自修建矮围，从事非法捕捞养殖、盗采砂石等；尤其是2011年以来，夏顺安开始大规模加高、加宽和加固矮围，并修建3个钢筋混凝土节制闸，严重影响行洪安全，严重破坏湿地生态。2014年3月，湖南省国土资源厅通过遥感卫星发现下塞湖非法矮围后，省委、省政府多次做出部署，开展专项整治。

湖南省委查明，益阳和岳阳两地畜牧水产、林业、水务及湖洲管理等职能部门日常监管严重缺失，不仅没有及时发现、制止夏顺安的严重违法行为，有的甚至收受夏顺安的红包礼金、贿赂，滥用职权，违规与其签订长期承包合同、出具虚假函件和证明，并在夏顺安拉票贿选省人大代表等方面提供帮助，为夏顺安违法行为充当"保护伞"。

依法破除矮围

经湖南省委研究并报中央纪委批准，决定对省畜牧水产局等25个单位的62名国家公职人员进行问责。对涉嫌严重违纪违法、充当"保护伞"的益阳市委原副秘书长、沅江市原市委书记邓宗祥，益阳市畜牧水产局原局长傅建平，沅江市水利局原局长胡经纬，沅江市畜牧水产局原局长冯正军，沅江市漉湖芦苇场原三任党委书记王正良、曹文举、冷世辉，沅江市漉湖芦苇场原场长蒯建红，湘阴县湖洲管理委员会原两任总经理杨立华、汪介凡，湘阴县河道砂石综合执法局南湖站站长胡浩等11人进行立案审查和监察调查。

四、着力打造生态民生新华章

生态文明建设是一场示范普及、绿色共建的"大合唱",为了让每一位公民积极参与,湖南注重将绿色湖南、"两型"建设标准化、具体化、普及化,打造出一个个可见、易学的样本,成功把原本"高大上"的工作变成群众喜闻乐见的身边事,形成了全民参与、共建共享的良好格局。

(一)制定标准,使"两型社会"建有所依

紧紧围绕"建设一个什么样的'两型'社会""怎样建设'两型'社会",制定出台了 16 个"两型"标准、23 个节能减排标准、43 项"两型"地方标准,将生产、生活领域中的资源环境因素,细化成评价细则和标准,成为实践的度量衡。产业标准化成为产业提质增效,绿色发展的重要推手。其中,在林业系统大力制定并推广的《关于进一步加强林业标准化工作的意见》《造林技术规程》《封山育林技术规程》《近自然森林可持续经营技术规程》《湖南省加强农村环境保护的意见》,成为城乡环境同治实实在在的标准。

(二)加强教育宣传,提升公民生态文化素养

着眼于公民生态价值观与生态文明行为习惯的养成,实现了首批高校国家生态文明教育基地落户湖南环境生物职业技术学院,从娃娃抓起,培育生态文明建设的基础力量,实现了生态文明进学校、进教室、进课堂、进头脑并以点带面助推社区和家庭认知认同践行生态文明价值观;开展多媒介宣传,《大学生生态文明教育教程》《森林生态康养》等一大批科普教材的出版,有利于提高绿色文化普及程度。依托自然保护区、森林公园、生态文明教育基地等,各级各地相继举办了植树节、爱鸟节、世界湿地日、野生动植物保护月、张家界森林保护节、洞庭湖观鸟节、世界名花生态文化节等与生态文化相关的节庆活动;电影《梦萦张家界》在全国上映,并以英文、韩文版对海外发行。

(三)以生态惠民,促生态产业可持续发展

油茶、生态旅游、林下经济、花卉苗木等产业给老百姓带来了直接的经济收入,林业收入占林农人均年收入的比重,由 2010 年的不到 10% 增加到 2015 年的

生态文明健康人类生活

20%以上，湖南的油茶林总面积、茶油年产量、年产值三项指标均居全国第一；通过实施林地测土配方、油茶增产培训、森林科学经营等科技创新工程和标准化示范，实施科技进村入户、科技特派员等多项助民措施，每年免费培训林农和技术人员20万人次。建立了覆盖全省、连通到乡镇的四级林业专网，林农就近即能办理多种涉林业务事项，享受林业政策、科技、信息等综合服务。湖南人依靠全国第27位的人均可支配财力和全国第17位的政府研发投入，取得了全国第5位的国家级科技奖项、第8位的创新绩效和第10位的综合创新能力，2015年科技进步对经济增长的贡献率达到53.2%，创造了全国瞩目的"自主创新湖南现象"。

湖南的油茶林总面积、茶油年产量、年产值三项指标均居全国第一

(四)智慧林业技术,绿化美丽湖南

湖南智慧林业建设领先全国,实施各类林业科研项目 400 多项,获得新技术和新品种 190 余项(个)、国家科技进步奖二等奖 1 项、省级以上科技进步奖 25 项、科研专利 100 多项。中部林业产权交易服务中心与 120 个县市区的林权交易中心实现了互联互通,国家油茶工程技术研究中心、森林消防航空护林站、亚欧水资源研究和利用中心、国家林下经济示范基地、湖南长沙国家林业科技示范园区等机构落户湖南。通过互联网,构建了"地下有网络、地面有部队、空中有飞机"的立体防火控疫体系。探索生物防治模式,建立了省天敌繁育中心,对病虫害的"天敌"实行工厂化生产,用生物天敌治理染病森林 200 多万公顷,无公害防治率达 90% 以上,林业有害生物成灾率控制在 4‰ 以下。在全国率先建成了林地测土配方网络服务平台,为生态文明建设提供方便快捷的服务。

(五)创新科技技术,美化城乡环境

科技创新让企业和产业发展插上了"腾飞的翅膀","物尽其用"技术让资源利用率得到大幅提高,再制造技术的研发推广使湖南再制造产业不断发展壮大,长沙市获批国家再制造产业示范基地。与此同时,全省单位工业增加值能耗、用电量分别下降 15.4% 和 21.9%,单位工业增加值用水量下降 12.6%。开发推广综合治污技术,针对重点排放行业,全面推广普及先进脱硫脱硝除尘技术。针对火电、钢铁、水泥等重点排放行业,启动大气治理重点项目,全面推广普及先进脱硫脱硝除尘技术。针对公共交通大气污染问题,推广绿色公共交通技术,长沙地铁 2 号线成为全国首个绿色地铁样板,长株潭城区出租车已全部置换为天然气或油气双燃料车;重点推广大中型沼气利用工程、沼液沼渣利用处置、有机肥生产等技术,年产沼气 9.2 亿立方米,可节约标准煤 66 万吨,节约薪柴 330 多万吨,相当于封山育林 800 多万亩;重点推广有色金属冶炼废水分质回用集成、电化学深度处理、重金属废渣资源化再利用等技术,工矿区废水治理得到强化,土壤修复工作全面推开,城乡环境质量得到明显改善。

2016年11月30日，衡阳松木经济开发区，航拍下的华南地区规模最大的氯碱生产基地——建滔（衡阳）实业有限公司。该公司将氯碱生产过程中的废水、废气、废渣循环再利用，成为全国化工行业发展循环经济的典范

生态加油站

湖南十二个大工程联合出击整治"一湖四水"生态

2018年2月13日，湖南省人民政府办公厅印发《统筹推进"一湖四水"生态环境综合整治总体方案（2018—2020年）》的通知，切实抓好湘资沅澧"四水"（以下简称"四水"）上游环境治理，减少输入性污染，为洞庭湖环境治理腾出容量、减轻负荷。系统推进水污染防治、水生态修复、水资源管理和防洪能力提升，建设水清、河畅、岸绿的生态水网。

"一湖四水"生态环境综合整治将从养殖污染整治、非法采砂整治、城镇与园区污水处理提升、黑臭水体整治、湖区清淤疏浚、湿地生态修复、生态涵养带建设、河道整治与保洁、人居环境综合整治、水源地及重点片区保护治理、湘江流域重金属污染治理、防洪减灾能力提升这十二个大工程联合出击，以壮士断腕的决心整治"一湖四水"生态。

1. 养殖污染整治工程：到 2020 年，规模畜禽养殖场粪污处理设施配套率达 95% 以上

畜禽养殖废弃物资源化利用率提高到 75% 以上，全面禁止天然水域投肥养殖。严格执行畜禽养殖分区管理制度，依法关闭或搬迁禁养区内的畜禽养殖场（小区）和养殖专业户。加快推进畜禽适度规模标准化养殖，实现畜禽规模养殖场粪污零排放或达标排放。推进渔业生态健康养殖，饮用水源一级保护区的养殖网箱全部清理拆除，天然水域全面禁止投肥、投饵养鱼，积极推行人放天养的模式。推广稻渔综合种养技术模式，集中整治农业面源污染。

2. 非法采砂整治工程：到 2020 年砂石码头全部整改到位

2018 年完成采砂规划编制审批和非法砂石码头整治。到 2020 年，采砂秩序全面规范，采砂范围和总量严格控制，建立采砂整治长效机制。

拆除非法码头

全面禁止在流域内自然保护区、水产种质资源保护区等敏感水域采砂，实施 24 小时严格监管。全面清理整顿采砂运砂船只，全面禁止新增采砂产能；严格砂石交易管理，建立采、运、销在线监控体系；加强部门联合执法，实行"谁发现、谁执法、谁处置"；全面推进砂石码头整治，到 2020 年全部整改到位；将河道采砂整治任务纳入全面推行河长制工作内容，整治不力的依法依规严肃问责。

3. 城镇与园区污水处理提升工程：2018 年所有工业园区全部建成污水集中处理设施

到 2020 年，新建城市污水管网 3000 千米，新增县级以上城市污水处理能力 100 万立方米/日。加快推进"四水"流域村镇污水处理设施建设，重点镇和长沙市、常德市、岳阳市、益阳市重点区域建制镇污水处理设施全覆盖。新城区排水

管网全部实行雨污分流，老城区排水管网结合旧城改造，确保管网全覆盖、污水全收集。引导城乡居民使用无磷洗涤用品，从源头减少磷排放。加快园区污水集中处理设施建设，2018 年所有工业园区全部建成污水集中处理设施。

水源地取样

4. 黑臭水体整治工程：到 2020 年，洞庭湖区城乡黑臭水体基本消除

到 2020 年，全省地级市建成区 170 条黑臭水体消除比例分别达到 80%、90%、95%。其中，洞庭湖区城乡黑臭水体基本消除。推进黑臭水体治理与沟渠清淤、湿地生态修复、农业面源污染治理、人居环境改善等相结合，利用陆域湿地的生态拦截缓冲功能，发挥环境治理协同效益。在四水流域地区，完成全流域170 处城区黑臭水体治理，特别是要加强 43 条重度黑臭水体的整治。

5. 湖区清淤疏浚工程：到 2020 年，洞庭湖大中型沟渠、大小塘坝全部完成清淤疏浚

到 2020 年，洞庭湖大中型沟渠、大小塘坝全部完成清淤疏浚，覆盖城乡的生态活水网基本建立，储水输水能力明显增强。在农村地区开展河道、小塘坝、小水库的清淤疏浚、岸坡整治、河渠连通等集中整治。到 2020 年，完成 5.93 万千米沟渠和 10.91 万口塘坝清淤疏浚。

6. 湿地生态修复工程：到 2020 年，有序退出湿地保护区内杨树

到 2020 年，修复全流域被侵占破坏湿地 65 万亩，湿地保护率稳定在 72% 以上，动植物栖息地得到有效保护，有序退出湿地保护区内杨树。科学管控生态保护红线，加大退林还湿、退养还净力度。加强滨河(湖)带生态建设，在河道两侧

清理河道

建设植被缓冲带和隔离带。强力推进湿地生态修复，严厉打击滥捕滥猎野生动物和破坏渔业资源的违法行为，严格执行休渔期禁捕。

重见江豚

7. 生态涵养带建设工程：到 2020 年，覆盖全流域的生态涵养带基本建立

到 2020 年，覆盖全流域的生态涵养带基本建立，流域山水林田湖草生态基底自然原貌基本恢复，水土流失导致的洞庭湖淤积减缓。加强水土保持综合治理，推进小流域综合治理坡改梯、溪沟整治、生产便道、蓄水池等水土保持项目建设。对沿路、沿江河湖岸，以及第一层山脊 100 米范围内宜林地开展造林绿化和绿化提质提效行动，构建具有水土保持、涵养水源、美化环境的绿色走廊。

8. 河道整治与保洁工程：到 2020 年，非法损毁堤防、侵占河道行为全面禁止

到 2020 年，非法损毁堤防、侵占河道行为得到全面禁止，河岸垃圾得到全面治理，河面、湖面、库区无成片漂浮物。围绕河道整治、河道保洁，确保水面清洁、河岸整洁。防治船舶污染，加快船舶污水垃圾上岸接收处理设施建设，禁止沿岸餐饮业向水体直接排污。

9. 人居环境综合整治工程：到 2020 年，城镇生活垃圾无害化处理率达 95%以上

城镇生活垃圾无害化处理率达到 95%以上，社区城市生活垃圾焚烧处理率达到 50%以上，县以上城镇生活垃圾资源化利用率达到 50%以上。

河道垃圾处理

建设覆盖城乡的垃圾收转运体系和垃圾分类收集系统，推进农村污水垃圾专项治理，90%的行政村生活垃圾得到有效治理，重点整治"垃圾山""垃圾围村"，推进"厕所革命"，开展"美丽乡村""最美庭院"等创建工作。促进农业废弃物综

合利用，全面禁止秸秆焚烧。

10. 水源地及重点片区保护治理工程：到 2020 年，基本完成全部集中式饮用水水源保护区环境违法问题整治

到 2018 年 6 月，完成县级城市集中式饮用水水源保护区环境违法问题整治。到 2018 年 12 月，全面关闭或拆除饮用水水源保护区一级区、二级区内的入河排污口。到 2020 年，基本完成全部集中式饮用水水源保护区环境违法问题整治。

11. 湘江流域重金属污染治理工程：2018 年底前，基本完成五大重点区域污染集中整治任务

实施重金属污染土地修复，推广第三方治理"修复＋流转"模式。按照"一区一策"的原则，株洲市清水塘，完成污染企业搬迁关停。郴州市三十六湾，加快推进退矿复绿，深化矿区源头和矿山尾砂污染治理，推进甘溪河、陶家河等流域污染治理。娄底市锡矿山，完成历史遗留废渣治理，确保青丰河、涟溪河锑浓度大幅削减，水质持续好转。衡阳市水口山，开展水口山有色金属产业园循环化改造，实施区域污染场地治理修复。湘潭市竹埠港，完成企业污染场地修复和治理。

12. 防洪减灾能力提升工程：到 2020 年，城镇防洪闭合圈基本形成

到 2020 年，城镇防洪闭合圈基本形成，洞庭湖区防洪能力明显提升，基本达到抵御 1954 年型洪水标准。对洞庭湖 11 个重点垸 1216 千米堤防、58 个重要堤垸 693 千米堤防采取加高培厚、堤身堤基防渗、临水侧护岸护脚、穿堤建筑物加固（或重建）、路面硬化等措施，进行系统治理。

第六章 | 生态文明，自我行动之始

　　生态文明建设是伴随中国经济高速发展的另一个重要课题，在寻求生态文明建设理论支撑的同时，对于生态行为的践行有时会显得更为重要，毕竟生态文明是一种社会关系的体现，不是某一个人或者某几个人就能完成，需要全社会的人都参与、践行，从身边的小事做起，从我做起！

一、爱护环境，人人有责

　　环境是什么？在生态文明建设意蕴下，环境主要指的是自然环境。自然环境，通俗地说，是指未经过人的加工改造而天然存在的环境；自然环境按环境要素，又可分为大气环境、水环境、土壤环境、地质环境和生物环境等。

　　我们必须保护环境。"爱护环境、美化家园"，不只是一句空话，需要从我身边的小事做起，从我做起。人类自诞生起，一切衣食住行及生产、生活，无不依赖于我们所生存的这个地球，森林、海洋、土壤、草原、野生动植物等组成了错综复杂而关系密切的自然生态系统，是人类和人类社会赖以生存的基本环境。然而，人类对自然的破坏却使得这个星球满目疮痍，人口的增长和生产活动的增多，也给环境带来了压力，保护环境已经迫在眉睫。

　　我们的环境被日益破坏。气候变暖、破坏、生物多样性减少、酸雨蔓延、森林锐减、土地荒漠化、大气污染、水体污染、海洋污染、固体废物污染是全球公认的十大环境问题。其中，大部分的环境问题就发生在我们身边，如湖南省的废气污染方面，二氧化硫：2016 年排放总量预计为 54.9 万吨，较 2015 年下降8.42%。2015 年排放总量预计为 61.13 万吨，较 2014 年下降2%。氮氧化物：2015 年排放总量预计为 53.62 万吨, 较 2014 年下降 3% 。

2016 年, 声环境质量与上年相比总体保持稳定。14 个市州所在城市道路交通噪声昼间平均等效声级值 67.7 分贝, 区域环境噪声昼间平均等效声级值 53.5 分贝, 城市功能区噪声昼间达标率为 90.4% 、夜间达标率为 71.1% 。2015 年湖南省 14 个城市的道路交通噪声昼间平均等效声级平均值为 68.3 分贝, 区域环境噪声昼间平均等效声级平均值为 53.7 分贝; 全省城市功能区噪声昼间达标率为 91.1% , 夜间达标率为 77.5% 。

脑力大激荡

①环境指的是什么?

②你身边的破坏环境的行为有哪些?

二、保护生物，时刻牢记

　　绿色植物在生物圈中占据重要地位，是最基本的生物成分，它对生物圈的存在和发展起着决定性作用，同时对保护环境也有重要作用。绿化率较高的地方，不仅空气质量较好，而且对其他污染的控制效果也非常明显。首先，树木能调节气候，保持生态平衡。树木通过光合作用，吸进二氧化碳，吐出氧气，使空气清洁、新鲜。一亩树林放出的氧气够65人呼吸。其次，树木不仅能防风固沙，涵养水土，还能吸收各种粉尘，一亩树林一年可吸收各种粉尘20~60吨。再次，树林能减少噪声污染。40米宽的林带可减弱噪声10~15分贝。最后，树木的分泌物能杀死细菌。空地每立方米空气中有约3万个细菌，森林里只有约300个。

　　生物圈中丰富多彩的植物，不但为各种动物提供了食物，更为各种动物提供了赖以生存的场所，为动物的多样性提供了保证。反观湖南省的树木种植情况：全省森林覆盖率达到59.57%，森林蓄积量达到4.29亿立方米，城市绿化覆盖率达到36.79%，人均公共绿地8.76平方米。近年来，湖南省积极探索生态型、集约式、现代化城市群发展模式，将长株潭522平方千米的核心区域规划为"生态绿心"。长沙率先探索绿色发展新模式，获评"全球绿色城市"等多项绿色荣誉；株洲突出转型升级发展，实现由"全国十大空气污染城市"到"全国文明城市"的蝶变；湘潭大力推进节能减排，荣获"全国污染减排与协同效应示范城市"等称号。

　　就动物本身来看，它总是动物食物链或食物网中的某一环节，如果某一环节出了问题，就会影响整个生态系统，所以，动物在维持生态平衡中起到重要的作用。动物作为消费者，它又直接或间接地以植物为食，动物吃的东西经过消化和吸收，很快就可以将有机物分解，释放能量的同时也产生二氧化碳、水和一些无机盐。如，我们呼出的二氧化碳、排出的粪便等，可以被生产者利用。动植物的粪便或者遗体经过分解者的分解后也能释放二氧化碳、各种无机盐等，最终被植物利用。

　　动物在大自然界的活动还有利于植物的生长和扩大植物本身的地理分布范围，实现物种的多样化发展。如蜜蜂采蜜就能帮助花卉顺利地繁殖后代，苍耳果实的表面有许多倒钩刺，当动物经过时可以钩挂在动物的毛皮上，有利于果实种子的传播。

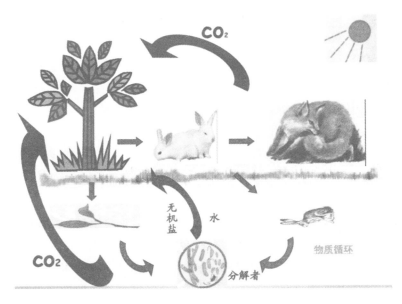

生态圈

　　所以，动物在自然界中的地位也是不可替代的。我们再看看湖南省的动物分布情况：湖南是野生动物资源极为丰富的一个省，早在 1988 年，湖南省就发布了湖南省野生动物保护对象名录，其中有华南虎、云豹、金猫、白鹤、白鳍豚等 18 种一级保护动物。目前，湖南已有 129 个自然保护区，但仍有稀有动物面临着绝迹的危险。

生态加油站

　　华南虎是中国特有的虎亚种，生活在中国中南部，也叫作中国虎。识别特点：头圆，耳短，四肢粗大有力，尾较长，胸腹部杂有较多的乳白色，全身橙黄色并布满黑色横纹。湖南省是华南虎的分布中心。最近的老虎进城的记录是 1952 年，有老虎潜入湘西北的大庸县（今张家界市）。而在 1955 年，在长沙市岳麓山，人们还捕杀了一只华南虎，这也是迄今为止，岳麓山出现的最后一只老虎，它的标本如今躺在湖南师范大学的实验室中。

　　白鹤是大型涉禽。其羽毛以白色为主，翅膀具黑羽，成鸟具细长的红腿和细长的红喙。嘴长而粗壮，在高树或岩石上筑大型的巢，飞时头颈伸直。它仅有两个亚种，大小略有不同，为食肉动物，食性较广，包括昆虫、鱼类、两栖类、爬行类、小型哺乳动物和小鸟。其为长途迁徙性鸟类。2011 年，在东洞庭湖观察到 15只。2013 年 12 月，在洪江市托口水电站，也出现了 3 只东方白鹳的身影。

华南虎

白鹳

绿色植物，特别是树木对生态环境的作用是什么？

三、节约资源，身体力行

自然资源主要包括矿产资源、土地资源、林木资源、水生资源、水资源等。它是人类赖以生存和发展的物质基础，为人类生活提供了必要的条件，同时，自然资源也是维持生态平衡不可或缺的因素之一。

湖南省绝大部分位于低纬度，在五带中位于北温带；在我国的温度带中位于亚热带。湖南位于我国中部偏南，长江中游南岸，大部分地区位于洞庭湖以南，北邻湖北省，东邻江西省，南邻广东省，西南邻广西壮族自治区，西邻贵州省，西北邻重庆市。湖南省的各类自然资源也较为丰富，分布较广。湖南省矿产资源丰富，素以"有色金属之乡"和"非金属之乡"著称。成矿地质条件优越，形成了丰富多样的矿产资源。至 2014 年底，湖南省已发现各种矿产 120 种（计亚种 143 种），占全国已发现 172 种矿产的 69.77%。其中能源矿产 10 种，金属矿产 55 种（含 2 个亚矿种），水汽矿产 2 种。已探明储量的矿产 87 种（计亚种 108 种），占全国已探明储量矿产 161 种（计亚种 229 种）的 54.04%。土地面积 2118.29 万公顷，其中耕地 322.64 万公顷，占 15.7%；森林 727.04 万公顷，占 34.3%；宜林牧荒山 337.52 万公顷，占 15.8%。属亚热带季风湿润气候。冬冷短、夏热长，四季分明，春温多变，夏秋多雨。热量充足，雨水集中。境内多年平均水资源 2539 亿立方米，其中地表水 2082.8 亿立方米，地下水资源 457 亿立方米。水系主要为湘、资、沅、澧四水及洞庭湖，共有大河 17 条，中河 93 条，小河 5226 条。植物资源丰富。种子植物约 5000 种左右，野生经济植物 1000 多种，药用植物 800 多种，有国家保护的珍稀野生植物 66 种。

从总量上看，我省的自然资源较为丰富，但随着恶劣天气的不断涌现，以及经济的发展，对自然资源的过度使用和消耗也非常明显，导致我省的自然资源存有量急剧减少，对生态环境的破坏也是日渐加重，严重影响我省的可持续发展。

湖南的自然灾害主要有地质灾害、气象灾害、生物灾害。地质灾害主要包括泥石流、山体崩塌、滑坡。泥石流、滑坡主要分布在湖南的西部、南部、东部山区。地质灾害发生的人为原因是乱砍滥伐森林，自然原因是多山，降雨集中。气象灾害主要有干旱、洪涝、寒潮等。旱涝产生的主要原因是受季风的影响，降水的变化大。生物灾害是由于人类的生产生活不当，破坏生物链或在自然条件下的某种生物的过多过快繁殖（生长）而引起的对人类生命财产造成危害的自然事件。

岳阳地区的泥石流造成 16 人死亡

如森林灾害、蝗灾与鼠害等。

湖南省气象灾害的种类和特点

类型	天气现象	类别	灾害特点	引发的灾害
洪涝	暴雨	暴雨、洪水	山洪暴发，河水泛滥	泥石流、山崩、滑坡
	大雨	雨涝	城市积水内渍、渍水	
干旱	久晴	干旱	农林业、草地的旱灾，工业、城乡的缺水	森林、草原与城市火灾，作物病虫害
	少雨	干热风	干旱风、焚风	
	高温	高温、热浪	酷暑高温、人体疾病、灼伤，作物逼热	
冷冻	冷空气、寒潮、霜冻、雨凇、冻雨、结冰、大雪、暴雪等	冷害	因强降温和低温造成作物、牲畜、果树受害	
		冻害	作物、牲畜冻害，水管油管冻裂 电线、树枝、路面结冰	交通事故、断电
		冰害	河湖封冻，雨雪后路面结冰	交通事故、阻碍航运
		雪害	暴风雪、积雪	交通事故、雪崩
大风	大风	风灾	倒树、倒房、翻车、翻船	沙暴、巨浪
	龙卷风	龙卷风	局部毁坏性灾害	风暴潮

续上表

类型	天气现象	类别	灾害特点	引发的灾害
雷雹	雷电	雷击	毁坏电器设备、伤人	火灾、断电
	冰雹	雹灾	毁坏庄稼、破坏房屋	
连阴雨	阴雨	连阴雨	对生物生长发育不利,造成粮食霉变等	作物病虫害
其他	雾等	浓雾	人体疾病,交通受阻	交通事故
		低空风切变	飞机失事	航空事故

以矿产资源为例,由于过度开采,湖南省部分城市的生态环境已经遭到严重破坏,如资兴市部分矿区地面沉陷十分严重。煤炭生产利用过程中产生的废气、废水、废渣给矿区周边的空气、水流和植被带来很大污染,矿区植被、土地资源和生态环境受到破坏。冷水江市的采矿沉陷区面积达到57.4平方千米,锡矿山采锑生产堆积的废渣经长年累月雨水冲刷,废水流入长江,饮用水源遭到污染。耒阳也因为煤矿的开采产生严重的环境问题,耒阳市已经形成了大面积的采空区,导致地表大范围的沉陷、开裂、山体滑坡和地下水位下降。在采矿过程中产生的大量煤矸石、粉煤灰、矿井废水、废气等对矿区及周边地区的正常生产生活造成严重影响。

综上所述,我们应合理利用自然资源,并从身边做起,成为资源节约的践行者,如使用布袋,尽量乘坐公共汽车,不要过分追求穿着的时尚,提倡步行、骑单车,不使用非降解塑料餐盒,双面使用纸张,节约粮食,拒绝使用一次性用品等。

生态加油站

神秘的"城市矿山"

"城市矿山"的概念,是日本南条道夫等提出的,就是指蓄积在废旧电子电器、机电设备等产品和废料中的可回收金属。按"城市矿山"理念统计,日本国内黄金的可回收量为6800吨,约占世界现有总储量(42000吨)的约16%,超过了世界黄金储量最大的南非;银的可回收量达60000吨,占全世界总储量的约3%,超过了储量世界第一的波兰;稀有金属铟是制作液晶显示器和发光二极管的原料,目前面临资源枯竭,日本储量占全世界储量的约38%,位居世界首位。日本虽然是一个资源贫困国，但从这些数字看，又可说是一个"城市矿山"。他们指出，目前这些"城市矿山"资源大多是使用完被丢弃的制品，往往被当作"废物"处理，而城市中这样的废物数量巨大，因而被称为是沉睡在城市里的"矿山"，它比真正的矿山更具价值。日本已对包括液晶显示器和汽车在内的多种产品，提出了金属回收计划。实际上，"城市矿山"理论与中华人民共和国成立初期提出的"再生资源综合利用"和目前循环经济中的"静脉产业"理论是相通的。它为我们依靠技术创新和政策支持加强再生资源利用，提高能源效率，实现高碳向低碳转变，提供了重要参考。

四、低碳生活，从我做起

200 多年来，随着工业化进程的深入，大量温室气体，主要是二氧化碳的排出，导致全球气温升高、气候发生变化，这已是不争的事实。温室气体让地球发烧。12 月 8 日，世界气象组织公布的"2009 年全球气候状况"报告指出，近 10 年是有记录以来全球最热的 10 年。此外，全球变暖也使得南极冰川开始融化，进而导致海平面升高。芬兰和德国学者公布的最新一项调查显示，21 世纪末海平面可能升高 1.9 米，远远超出此前的预期。如果照此发展下去，南太平洋岛国图瓦卢将可能是第一个消失在汪洋中的岛国。

生态加油站

温室效应

世界气象组织（WMO）发布 2016 年全球气候状况临时声明指出，2016 年将成为有气象记录以来最热年，全球温度高出工业化时代之前水平约 1.2℃。全球主要温室气体浓度继续上升，达到新纪录；北极海冰一直处于较低水平，尤其是在 2016 年年初与 10 月重新结冰期，格陵兰岛冰盖出现了较早的明显融化；厄尔尼诺事件使海洋温度升高，造成珊瑚礁白化与海平面上升。

2018 年 3 月 23 日，世界气象组织（WMO）发布了《2017 年全球气候状况声明》(Statement on the State of the Global Climate in 2017)，其主要内容如下：① 2017 年，全球平均气温较工业化前高出约 1.1℃。2013—2017 年全球平均温度达到了有记录以来的最高值。②过去 25 年，大气二氧化碳浓度已从 360 ppm 增加到 400 ppm 以上，已经远远超出了几十万年来的自然变率范围（180 ~ 280 ppm）。③2017 年，全球地表温度略低于 2015 年和 2016 年的水平，但仍位列有记录以来的第三最暖温度。此外，北极和南极的海冰覆盖范围远低于 1981—2010 年的平均值。④北大西洋极为活跃的飓风季、印度次大陆严重的季风洪水以及非洲东部地区持续的严重干旱，使 2017 年气候事件造成的总灾害损失高达 3200 亿美元，是有记录以来最高的一年。综上可知，地球发烧将给我们的环境造成一些恶劣影响，如：

（1）气候转变。全球变暖温室气体浓度的增加会减少红外线辐射放射到太空外，地球的气候因此需要转变来使吸取和释放辐射的分量达至新的平衡。这转变可能包括"全球性"的地球表面及大气低层变暖，因为这样可以将过剩的辐射排放出外。虽然如此，地球表面温度的少许上升可能会引发其他的变动，例如：大气层云量及环流的转变。当中某些转变可使地面变暖加剧（正反馈），某些则可令变暖过程减慢（负反馈）。利用复杂的气候模式，"政府间气候变化专门委员会"在第三份评估报告中估计全球的地面平均气温会在 2100 年上升 1.4～5.8℃。这预计已考虑到大气层中悬浮粒子对地球气候降温的效应与海洋吸收热能的作用（海洋有较大的热容量）。但是，还有很多未确定的因素会影响这个推算结果，例如：未来温室气体排放量的预计、对气候转变的各种反馈过程和海洋吸热的幅度等。

（2）原始病毒复活。温室效应可使史前致命病毒威胁人类，美国科学家发出警告，由于全球气温上升令北极冰层融化，被冰封十几万年的史前致命病毒可能会重见天日，导致全球陷入疫症恐慌，人类生命受到严重威胁。纽约锡拉丘兹大学的科学家在《科学家杂志》中指出，早前他们发现一种植物病毒 TOMV，由于该病毒在大气中广泛扩散，推断在北极冰层也有其踪迹。于是研究员从格陵兰抽取 4 块年龄由 500 年至 14 万年的冰块，结果在冰层中发现 TOMV 病毒。研究员发现该病毒表层被坚固的蛋白质包围，因此可在逆境中生存。这项新发现令研究员相信，一系列的流行性感冒、小儿麻痹症和天花等疫症病毒可能藏在冰块深处，人类对这些原始病毒没有抵抗能力，当全球气温上升至冰层融化时，这些埋藏在冰层千年或更长的病毒便可能会复活，形成疫症。科学家表示，虽然他们不知道这些病毒的生存希望，或者其再次适应地面环境的机会，但肯定不能排除这些病毒卷土重来的可能性。

（3）海平面上升。假若全球变暖正在发生，有两种过程会导致海平面升高。第一种是海水受热膨胀令水平面上升。第二种是冰川和格陵兰及南极洲上的冰块融化使海洋水量增加。预期由 1900 年至 2100 年地球的平均海平面上升幅度介于 0.09 米至 0.88 米。全球暖化使南北极的冰层迅速融化，海平面不断上升。世界银行的一份报告显示，即使海平面只小幅上升 1 米，也足以导致 5600 万发展中国家人民沦为难民。而全球第一个被海水淹没的有人居住岛屿即将产生——位于南太平洋国家巴布亚新几内亚的岛屿卡特瑞岛，2015 年岛上主要道路水深及腰，农地也全变成烂泥巴地。

（4）气候反常，海啸风暴增多。

（5）土地干旱，沙漠化面积增大。

（6）对人类生活的潜在影响。

作为世界上最大的发展中国家，虽然我国还面临着工业化和生态化的双重任务，但未雨绸缪，大力推动低碳经济发展，建设资源节约型、环境友好型社会，已经成为我国可持续发展战略的重要组成部分。与之相应，在生活层面，倡导和践行低碳生活，已成为每个公民在建设生态文明时代义不容辞的环保责任。

低碳生活是指生活作息时要尽力减少所消耗的能量，特别是二氧化碳的排放量，从而低碳，减少对大气的污染，减缓生态恶化。主要是从节电、节气和回收三个环节来改变生活细节。

低碳意指较低（更低）的温室气体（二氧化碳为主）的排放，低碳生活可以理解为：减少二氧化碳的排放，低能量、低消耗、低开支的生活方式。低碳生活代表着人们更健康、更自然、更安全，返璞归真地去进行改造自然的活动。如今，低碳生活方式已经悄然走进中国，不少低碳网站开始流行一种有趣的计算个人排碳量的特殊计算器，如中国城市低碳经济网的低碳计算器，以生动有趣的动画形式，不但可以计算出日常生活的碳排放量，还能显示出不同的生活方式、住房结构以及新型科技对碳排放量的影响。这说明，当今社会，随着人类生活的发展，生活物质条件的提高，低碳生活风潮正逐渐在我国一些地区兴起，潜移默化地改变着人们的生活。

对于普通人来说，低碳生活不仅是一种生活态度，也是一种新的生活方式，更是一种可持续发展的环保责任。我们在回答"愿不愿意和大家共同创造低碳生活"问题的同时，更应该积极提倡并去实践低碳生活，要注意节电、节气、熄灯一小时……从这些点滴做起。如植树、购买运输里程很短的商品、尽量爬楼梯等等，意即在不降低生活质量的前提下，尽可能地节能减排，因为这是关系到人类未来的战略选择。

提高"节能减排"意识，对自己的生活方式或消费习惯进行简单易行的改变，一起减少全球温室气体（主要是减少二氧化碳）排放，意义十分重大。"低碳生活"节能环保，有利于减缓全球气候变暖和环境恶化的速度。减少二氧化碳排放，选择"低碳生活"，是每位公民应尽的责任，也是每位公民应尽的义务。低碳是提倡借助低能量、低消耗、低开支的生活方式，把消耗的能量降到最低，从而减少二氧化碳的排放，保护地球环境，保证人类在地球上长期舒适安逸地生活和发展。

低碳生活是一种经济、健康、幸福的生活方式，它不会降低人们的幸福指数，相反，会使我们的生活更加幸福。

生态加油站

低碳经济相关概念介绍

（1）碳交易。由于发达国家的能源利用效率高，能源结构优化，新的能源技术被大量采用。因此，这些发达国家进一步减排的成本极高，难度较大。而发展中国家能源效率低，减排空间大，成本也低。这就导致了同一减排单位在不同国家之间存在着不同的成本，形成了高价差。发达国家需求很大，发展中国家供应能力也很大，"碳交易"市场由此产生，就是一方通过支付另一方获得温室气体减排额。对发展中国家有利的碳交易机制是 CDM，简单地说就是发达国家用资金和技术向发展中国家换取各种温室气体的排放权。

（2）碳税。指针对二氧化碳排放所征收的税。

（3）碳关税。指主权国家或地区对高耗能产品进口征收的二氧化碳排放特别关税，目的是实施温室气体强制减排措施。

（4）碳足迹。人类活动对于环境影响的一种量度，以其产生的温室气体即二氧化碳的重量计。它包括燃烧化石燃料排放出二氧化碳的直接（初级）碳足迹；人们所用产品从其制造到最终分解的整个生命周期排放出二氧化碳的间接（次级）碳足迹。

（5）碳捕捉、碳存储、碳中和。防止全球变暖的一种"去碳技术"，用以捕集、存储和中和来自煤、石油、天然气等化石燃料燃烧产生的二氧化碳，并埋存在地层深部，防止二氧化碳排放到大气中。

（6）碳汇/碳源。从空气中清除二氧化碳的过程、活动、机制。与碳汇相对的概念是碳源，它是指自然界中向大气释放碳的母体。通过植树造林、减少毁林、保护和恢复植被等活动增加碳汇。

生活小贴士

低碳生活准则

(1)少用纸巾，重拾手帕，保护森林，低碳生活。

(2)每张纸都双面打印，双面写，相当于保留下半片原本将被砍掉的森林。

(3)随手关灯、开关、拔插头，这是第一步，也是个人修养的表现；不坐电梯爬楼梯，省下大家的电，换自己的健康。

(4)绿化不仅是去郊区种树，在家种些花草一样可以，还无须开车。

(5)是的，一只塑料袋5毛钱，但它造成的污染可能是5毛钱的50倍。

(6)完美的浴室未必一定要有浴缸；已经安了，未必每次都用；已经用了，请用积水来冲洗马桶。

(7)关掉不用的电脑程序，减少硬盘工作量，既省电也维护你的电脑。

(8)相比开车来说，骑自行车上下班的人一不担心油价涨，二不担心体重涨。

(9)没必要一进门就把全部照明打开，人类发明电灯至今不过130年，之前的几千年也过得好好的。

(10)考虑到坐公交为世界环境做的贡献，至少可以抵消一部分开私家车带来的优越感。

参考文献

一、著作

[1] 马克思，恩格斯. 马克思恩格斯文集(第1-10卷)[M]. 北京：人民出版社，2009.

[2] 中共中央编译局. 马克思恩格斯选集(第1-4卷)[M]. 北京：人民出版社，2012.

[3] 中共中央马、恩、列、斯著作编译局. 马克思恩格斯全集(第1、4、20、26、38、46卷)[M]. 北京：人民出版社，1995.

[4] 马克思. 资本论(第1-3卷)[M]. 北京：人民出版社，2004.

[5] 马克思，恩格斯. 马克思恩格斯书信选集[M]. 北京：人民出版社，1948.

[6] 恩格斯. 自然辩证法[M]. 北京：人民出版社，2002.

[7] 中共中央文献研究室. 新时期环境保护重要文献选编[M]. 北京：中央文献出版社，2001.

[8] 中共中央文献研究室. 十六大以来重要文献选编[M]. 北京：中央文献出版社，2005.

[9] 中共中央文献研究室. 十七大以来重要文献选编[M]. 北京：中央文献出版社，2009.

[10] 中共中央文献研究室. 十八大以来重要文献选编(上)[M]. 北京：中央文献出版社，2014.

[11] 携手构建合作共赢、公平合理的气候变化治理机制[M]. 北京：人民出版社，2015.

[12] 中共中央宣传部. 习近平总书记系列重要讲话读本[M]. 北京：学习出版社，人民出版社，2016.

[13] 习近平. 习近平谈治国理政(第二卷)[M]. 北京：人民出版社，2017.

[14] 习近平. 为建设世界科技强国而奋斗[M]. 北京：人民出版社，2016.

[15] 中共中央文献研究室. 十八大以来重要文献选编(中)[M]. 北京：中央文献出版社，2016.

[16] 习近平. 关于社会主义生态文明建设论述摘编[M]. 北京：中央文献出版社，2017.

[17] 习近平. 决胜全面建成小康社会夺取新时代中国特色社会主义伟大胜利——在中国共产党第十九次全国代表大会上的报告[M]. 北京：人民出版社，2017.

[18] 本书编写组. 党的十九大报告辅导读本[M]. 北京：人民出版社，2017.

[19] 习近平. 弘扬和平共处五项原则，建设合作共赢美好世界[M]. 北京：人民出版社，2017.

[20] 曹凑贵. 生态学概论[M]. 北京：高等教育出版社，2002.

[21] 何雪松. 社会问题导论：以转型为视角[M]. 上海：华东理工大学出版社，2007.

[22] 闫心贵，等. 毛泽东思想和中国特色社会主义理论体系概论[M]. 北京：经济日报出版社，2009.

[23] 吴国盛. 现代化之忧思[M]. 北京：生活·读书·新知三联书店，2012.

[24] 向玉娇. 经济·生态·道德[M]. 长沙：湖南大学出版社，2007.

[25] 尹希成. 全球问题与中国[M]. 武汉：湖北教育出版社，1997.

[26] 雷毅. 深层生态学：阐释与整合[M]. 上海：上海交通大学出版社，2012.

[27] 张亲培. 公共政策基础[M]. 长春：吉林大学出版社，2004.

[28] 严耕，杨志华. 生态文明的理论与系统建构[M]. 北京：中央编译出版社，2009.

[29] 刘仁胜. 生态马克思主义概论[M]. 北京：中央编译出版社，2007.

[30] 陈学明. 生态文明论[M]. 重庆：重庆出版社，2008.

[31] 俞吾金，陈学明. 国外马克思主义哲学流派新编·西方马克思主义卷(下册)[M]. 上海：复旦大学出版社，2002.

[32] 余谋昌. 环境哲学：生态文明的理论基础[M]. 北京：中国环境科学出版社，2010.

[33] 卢风等. 生态文明新论[M]. 北京：中国科学技术出版社，2013.

[34] 黄承梁. 生态文明简明知识读本[M]. 北京：中国环境科学出版社，2010.

[35] 李军. 走向生态文明新时代的科学指南——学习习近平同志生态文明建设重要论述[M]. 北京：中国人民大学出版社，2015.

[36] 温作民. 生态和谐与林业发展[M]. 北京：中国林业出版社，2011.

[37] 赵树丛. 林业重大问题调查研究报告[M]. 北京：中国林业出版社，2012.

[38] 王兵. 吉林省森林生态连清与生态系统服务研究[M]. 北京：中国林业出版社，2016.

[39] 涂同明 涂俊一. 生态文明建设知识简明读本[M]. 武汉：湖北科学技术出版社，2013.

[40] 马骁. 城市生态文明建设知识读本[M]. 北京：红旗出版社，2012.

[41] 赵章元. 生态文明六讲[M]. 北京：中共中央党校出版社，2008.

[42] 雷加富. 中国森林生态系统经营[M]. 北京：中国林业出版社，2007.

[43] 刘延春. 生态·效益林业理论及其发展战略研究[M]. 北京：中国林业出版社，2006.

[44] 贾治邦. 林业重大问题调查研究报告[M]. 北京：中国林业出版社，2008.

[45] 刘亚萍. 生态旅游区游憩资源经济价值评价研究[M]. 北京：中国林业出版社，2008.

[46] 贾治邦. 生态文明建设的基石——三个系统一个多样性[M]. 北京：中国林业出版社，2011.

[47] 潘岳. 生态文明知识读本[M]. 北京：中国环境出版社，2013.

[48] 国家林业局. 建设生态文明，建设美丽中国[M]. 北京：中国林业出版社，2014.

[49] 张建龙. 林业重大问题调查研究报告[M]. 北京：中国林业出版社，2015.

［50］樊阳程，等. 生态文明建设国际案例集［M］. 北京：中国林业出版社，2016.

［51］文学禹，等. 新编经济政治与生态文明教程［M］. 北京：现代教育出版社，2016.

［52］邓鉴锋. 广东林业生态文明建设战略研究［M］. 北京：中国林业出版社，2015.

［53］国家林业局. 党政领导干部生态文明建设读本（上）［M］. 北京：中国林业出版社，2014.

［54］国家林业局. 党政领导干部生态文明建设读本（下）［M］. 北京：中国林业出版社，2014.

［55］王浩，等. 生态园林城市规划［M］. 北京：中国林业出版社，2008.

［56］江泽慧. 综合生态系统管理理论与实践［M］. 北京：中国林业出版社，2009.

［57］袁继池. 生态文明简明知识读本教程［M］. 武汉：华中科技大学出版社，2015.

［58］中国森林资源核算研究项目组. 生态文明制度构建中的中国森林资源核算研究［M］. 北京：中国林业出版社，2015.

［59］但新球，但维宇. 森林生态文化［M］北京：中国林业出版社，2012 .

［60］张春霞，郑晶，廖福霖. 低碳经济与生态文明［M］北京：中国林业出版社，2015.

［61］彭珍宝，等. 南岳树木园建园技术与森林生态价值［M］长沙：湖南科学技术出版社，2008.

［62］林红梅. 生态伦理学概论［M］北京：中央编译出版社，2008.

［63］龙柏林，等. 人际交往转型与人伦生态重建［M］北京：人民出版社，2014.

［64］国家林业局. 建设生态文明 建设美丽中国：学习贯彻习近平总书记关于生态文明建设重大战略思想［M］北京：中国林业出版社，2014.

［65］王春益. 生态文明与美丽中国梦［M］. 北京：社会科学文献出版社，2014.

［66］解保军. 马克思自然观的生态哲学意蕴——"红"与"绿"结合的理论先声［M］. 哈尔滨：黑龙江人民出版社，2002.

［67］郇庆治. 当代西方生态资本主义理论［M］. 北京：北京大学出版社，2015.

［68］张剑. 生态文明与社会主义［M］. 北京：中央民族大学出版社，2010.

［69］王宏斌. 生态文明与社会主义［M］. 北京：中央编译出版社，2011.

［70］曹荣湘. 生态治理［M］. 北京：中央编译出版社出版，2015.

［71］张云飞. 工业文明：生态文明的历史走廊［A］//第六届环境与发展中国（国际）论坛论文集，国际会议数据库，2010.

［72］刘涛. 环境传播：话语、修辞与政治［M］. 北京：北京大学出版社，2011.

［73］王旭烽. 中国生态文明辞典［M］. 北京：中国社会科学出版社，2013.

［74］莫斯科维奇. 还自然之魂——对生态运动的思考［M］. 庄晨燕，邱寅晨，译. 北京：生活. 读书. 新知三联书店，2005.

［75］莫兰. 复杂思想：自觉的科学［M］. 陈一壮，译. 北京：北京大学出版社，2001.

［76］卡普拉. 转折点［M］. 卫飒英，李四南，译. 北京：中国人民大学出版社，1989.

［77］托夫勒. 创造一个新的文明：第三次浪潮的政治［M］. 陈峰，译. 北京：生活. 读书. 新知三联书店，1996.

［78］康芒纳. 封闭的循环——自然、人和技术［M］. 侯文惠，译. 长春：吉林人民出版社，1997.

[79] 米都斯等. 增长的极限——罗马俱乐部关于人类困境的报告[M]. 李宝恒, 译. 长春: 吉林人民出版社, 1997.

[80] 杜宁. 多少算够——消费社会与地球的未来[M]. 毕聿, 译. 长春: 吉林人民出版社, 1997.

[81] 贝尔. 后工业社会的来临——对社会预测的一项探索[M]. 高铦, 等译. 北京: 新华出版社, 1997.

[82] 麦茜特. 自然之死[M]. 吴国盛, 译. 长春: 吉林人民出版社, 2000.

[83] 罗尔斯顿. 哲学走向荒野[M]. 刘耳, 叶平, 译. 长春: 吉林人民出版社, 2000.

[84] 罗尔斯顿. 环境伦理学[M]. 杨通进, 译. 北京: 中国社会科学出版社, 2000.

[85] 斯普瑞雷纳克. 真实之复兴: 极度现代的世界中的身体、自然和地方[M], 张妮妮, 译. 北京: 中央编译出版社, 2001.

[86] 艾尔特. 增长范式的终结[M]. 戴星冀, 黄文芳, 译. 上海: 上海译文出版社, 2001.

[87] 科尔曼. 生态政治: 建设一个绿色社会[M]. 梅俊杰, 译. 上海: 上海译文出版社, 2002.

[88] 布朗. 生态经济——有利于地球的经济构想[M]. 林自新, 等译. 北京: 东方出版社, 2002.

[89] 奥康纳. 自然的理由——生态学马克思主义研究[M]. 唐正东, 等译. 南京: 南京大学出版社, 2003.

[90] 唐斯. 官僚制内幕[M]. 郭小聪, 等译. 北京: 中国人民大学出版社, 2006.

[91] 福斯特. 生态危机与资本主义[M]. 耿建新, 宋兴无, 译. 上海: 上海译文出版社, 2006.

[92] 卡逊. 寂静的春天[M]. 吕瑞兰, 李长生, 译. 上海: 上海译文出版社, 2008.

[93] 莱斯. 自然的控制[M]. 岳长岭, 李建华, 译. 重庆: 重庆出版社, 1993.

[94] 阿格尔. 西方马克思主义概论[M]. 慎之, 等译. 北京: 中国人民大学出版社, 1991.

[95] 岩佐茂. 环境的思想与伦理. 冯雷, 等译. 北京: 中央编译出版社, 2011.

[96] 佩珀. 生态社会主义: 从深生态学到社会主义[M]. 刘颖, 译. 山东: 山东大学出版社, 2005.

[97] 汤因比, 池田大作. 展望二十一世纪[M]. 苟春生, 等译. 北京: 国际文化出版公司, 1984.

[98] 吉登斯. 现代性的后果[M]. 田禾, 译. 南京: 译林出版社, 2000.

[99] 汤因比. 人类与大地的母亲[M]. 徐波, 徐钧尧, 龚晓庄, 等译. 上海: 上海人民出版社, 2001.

[100] 卡西尔. 符号·神话·文化[M]. 李小兵, 译. 北京: 东方出版社, 1988.

[101] 世界环境与发展委员会. 我们共同的未来[M]. 王之佳, 柯金良, 等译. 长春: 吉林人民出版社, 1997.

二、论文

[1] 陈立. 生态文明建设的基本内涵与科学发展观的重要意义[J]. 学习学刊, 2009(22).

[2] 华启和. 气候伦理：理论向度与基本原则[J]. 吉首大学学报（社会科学版），2011(4).

[3] 罗康隆，邹华峰. 全球化背景下的人类生态维护理念[J]. 吉首大学学报（社会科学版），2012(1).

[4] 王永明. 生态道德：建设生态文明的伦理之维[J]. 社会科学辑刊，2009(5).

[5] 俞可平. 科学发展观与生态文明[J]. 马克思主义与现实，2005(4).

[6] 甘泉. 论生态文明理念与国家发展战略[J]. 中华文化论坛，2000(3).

[7] 束洪福. 论生态文明建设的意义与对策[J]. 中国特色社会主义研究，2008(4).

[8] 邱耕田，张荣洁. 大文明——人类文明发展的新走向[J]. 江苏社会科学，1998(4).

[9] 何建坤. 新型能源体系革命是通向生态文明的必由之路——兼评杰里米·里夫金《第三次工业革命》一书[J]. 中国地质大学学报（社会科学版），2014(3).

[10] 中国社会科学院工业经济研究所课题组. 第三次工业革命与中国制造业的应对战略[J]. 学习与探索，2012(9).

[11] 周亚敏，黄苏萍. 经济增长与环境污染的关系研究[J]. 国际贸易问题，2010(1).

[12] 李书才. "先污染、后治理"是条规律[J]. 中国环境管理，1987(12).

[13] 文雯. 脱硫设施市场化运营遭遇困境[J]. 环境经济，2006(11).

[14] 鞠昌华. "避免先污染后治理"是神话？[J]. 化工管理，2014(7).

[15] 王绍光. 中国公共政策议程设置的模式[J]. 中国社会科学，2006(9).

[16] 郑卫. 我国城市规划冲突管理机制的缺陷，城市问题[J]. 2011(1).

[17] 李砚忠，缪仁康. 公共政策执行梗阻的博弈分析及其对策组合——以环境污染治理政策执行为例，中共福建省委党校学报[J]. 2015(8).

[18] 钱穆. 中国文化对人类未来可有的贡献[J]. 中国文化，1991(4).

[19] 韩刚. 中国特色社会主义生态文明建设中的思维方式转变[J]. 西安政治学院学报，2013(2).

[20] 蒋学杰，刘辉. 科技文化的"合理性"及其界限——兼论科学创新中的计划主义[J]. 黑龙江史志，2009.

[21] 李林，等. 宁夏生态移民自杀意识现况及其影响因素分析[J]. 中华疾病控制杂志，2014(7).

[22] 曾正滋，庄穆. 从经济增长型政府到生态型政府[J]. 甘肃行政学院学报，2008(2).

[23] 张曙光. 人的存在的历史性与现代境遇（上）[J]. 学术研究，2005(1).

[24] 杨志华. 生态危机是文化危机——读《启蒙之后》有感[J]. 伦理学研究，2004(5).

[25] 郇庆治. 社会主义生态文明：理论与实践向度[J]. 汉江论坛. 2009(9).

[26] 邓小平论林业与生态建设[J]. 内蒙古林业，2004(8).

[27] 孟红. 邓小平的植树情结[J]. 文史月刊，2004(12).

[28] 马庆生. 生态文明建设的道德思考[J]，伦理学研究，2012(1).

[29] 邱耕田. 对生态文明的再认识——兼与申曙光等人商榷[J]. 求索，1997(2).

[30] 王晋军. 国外环境话语研究回顾[J]. 北京科技大学学报（社会科学版），2015(5).

[31] 卢黎歌，李小京. 第四届生态文明学术论坛综述[J]. 西安交通大学学报，2010(4).

[32] 董亮. 会议外交、谈判管理与巴黎气候大会[J]. 外交评论,2017(2).

[33] 刘思华. 生态文明"价值中立"的神话应击碎[J]. 毛泽东邓小平理论研究,2016(9).

[34] 郇庆治. "碳政治"的生态帝国主义逻辑批判及超越[J]. 中国社会科学,2016(3).

[35] 郇庆治. 环境政治学视野下的绿色话语研究[J]. 江西师范大学学报(哲学社会科学版),2016(4).

[36] 蔺雪春. 地方政府官员生态文明话语分析[J]. 阆州学刊,2015(9).

[37] 郇庆治. 发展的"绿化":中国环境政治的时代主题[J]. 南风窗,2012(2).

[38] 张首先. 中国生态文明建设的话语形态及动力基础[J]. 自然辩证法研究,2014(10).

[39] 刘思华. 对建设社会主义生态文明论的再回忆——兼论中国特色社会主义道路"五位一体"总目标[J]. 中国地质大学学报(社会科学版),2013(5).

[40] 华启和. 生态文明话语权三题[J]. 理论导刊,2015(7).

[41] 曾铭. 浅析增强我国生态文明建设话语权[J]. 老区建设,2016(16).

[42] 张华丽. 从人与自然的辩证关系看生态文明的社会主义属性[J],鞍山师范学院学报,2017(5).

[43] 刘思华. 社会主义生态文明理论研究的创新与发展——警惕"三个薄弱"与"五化"问题[J]. 毛泽东邓小平理论研究,2014(2).

[44] 张奇. 争吵声中进行的哥本哈根气候峰会[J]. 思想政治课教学,2010(1).

[45] 杞人. 多哈气候大会:结果喜忧参半 难题留给未来[J]. 生态经济,2013(2).

[46] 蔺雪春. 变迁中的全球环境话语体系[J]. 国际论坛,2008(6).

[47] 周穗明. 西方生态社会主义与中国[J]. 鄱阳湖学刊,2010(2).

[48] 张骥. 生态文明理论研究的新视角—评王宏斌博士的新作《生态文明与社会主义》[J]. 石家庄铁道大学学报(社会科学版),2011(4).

[49] 田运康. 重新认识资本主义国家间战争不可避免的论断[J]. 青海师范大学学报(社会科学版),1989(2).

[50] 林海. 地球系统科学的新进展[J]. 中国科学基金,1988(2).

[51] 王焰,朱永红,张治河. 发展地球系统科学的背景、问题及对策[J]. 中国地质大学学报(社会科学版),2003(2).

[52] 田向利. 经济增长与社会发展理念的演进——从 GDP、HDI、GGDP 概念的应用看人类发展观的变革[J]. 经济学动态,2003(12).

[53] 孙寿涛. 信息革命:称谓及其历史地位[J]. 北京邮电大学学报(社会科学版),2007(2).

[54] 唐啸. 绿色经济理论最新发展述评[J]. 国外理论动态,2014(1).

[55] 欧阳林洁. 高校生态文明教育的基本向度及应然路径[J]. 湖南科技学院学报,2018,39(12).

[56] 欧阳林洁. 高校生态文明教育的实践理性[J]. 湖南生态科学学报,2018,5(02).

[57] 叶明智,王凤兰. 发展绿色食品生产加快山区脱贫致富[J]. 仲恺农业工程学院学报,2003(2).

[58] 黄朗辉,予民,郭雷. 对80年代以来我国经济发展集约化的度量与分析[J]. 经济改革与

发展, 1996(11).

[59] 全国生态经济科学论会暨第二次会员代表大会纪要[J]. 生态经济, 1989(2).

[60] 李孔文, 王嘉毅. 福柯知识权力理论及其教育学意蕴[J]. 华东师范大学学报(教育科学版), 2011(3).

[61] 杨生平. 权力: 众多力的关系——福柯权力观评析[J]. 哲学研究, 2012(11).

[62] 邵从清. 辩证法视域下中国生态文明的国际话语建构[J]. 南京师大学报(社会科学版), 2016(5).

[63] 王习明, 何化利. 中国特色社会主义生态文明建设道路探索——"生态文明与中国道路学术研讨会"综述[J]. 教学与研究, 2017(3).

[64] 赵鑫珊. 生态学与文学艺术[J]. 读书, 1983(4).

[65] 刘思华. 对建设社会主义生态文明论的若干回忆——兼述我的"马克思主义生态文明观"[J]. 中国地质大学学报(社会科学版), 2008(4).

[66] 王光辉, 刘怡君, 王红兵. 过去 30 年世界可持续发展目标的演替[J]. 中国科学院院刊, 2015(5).

[67] 常江, 王忠民. 科学发展观对可持续发展理论的创新与发展[J]. 西北大学学报(哲学社会科学版), 2010(3).

[68] 本刊记者. 正确认识和积极实践社会主义生态文明——访中南财经政法大学资深研究员刘思华[J]. 马克思主义研究, 2011(5).

[69] 杜昌建. 习近平生态文明思想研究述评[J]. 北京交通大学学报(社会科学版), 2018(1).

[70] 雷毅. 阿伦·奈斯的深层生态学思想[J]. 世界哲学, 2010(4).

[71] 布兰德, 威森. 绿色经济战略和绿色资本主义[J]. 郇庆治, 李庆, 译. 国外理论动态, 2014(10).

[72] 方时姣. 论社会主义生态文明三个基本概念及其相互关系[J]. 马克思主义研究, 2014(7).

[73] 刘俊伟. 马克思主义生态文明理论初探[J]. 中国特色社会主义研究, 1998(6).

[74] 王奇, 王会. 生态文明内涵解析及其对我国生态文明建设的启示——基于文明内涵扩展的视角[J]. 鄱阳湖学刊, 2012(1).

[75] 刘世清. 试论生态农业[J]. 生态经济, 1990(4).

[76] 谢光前. 社会主义生态文明初探[J]. 社会主义研究, 1992(3).

[77] 冉清文. 全面建设小康社会与社会主义初级阶段[J]. 渤海大学学报(哲学社会科学版), 2003(1).

[78] 张连国. 论社会主义和谐社会之生态文明内涵及历史定位[J]. 山东省青年管理干部学院学报, 2005(3).

[79] 李平. 解析中国特色社会主义生态文明[J]. 玉溪师范学院学报, 2008(1).

[80] 郭建. 中国特色社会主义生态文明的科学内涵及其构建[J]. 河南师范大学学报(哲学社会科学版), 2008(3).

[81] 刘思华. 中国特色社会主义生态文明发展道路初探[J]. 马克思主义研究, 2009(3).

[82] 王增智. 对生态文明研究的三个关键性概念再审视[J]. 湖北社会科学, 2015(1).

[83] 黄娟, 陈军. 生态文明: 概念体系与内在逻辑[J]. 中国地质大学学报(社会科学版).

[84] 范松仁. 中国特色社会主义生态文明内涵的渐次解读[J]. 宜春学院学报, 2013(8).

[85] 刘志礼. 生态文明的理论体系构建与实践路径选择——第五届生态文明国际论坛综述[J]. 汉理工大学学报(社会科学版), 2011(5).

[86] 刘思华. 坚持和加强生态文明的马克思主义研究——我是如何构建社会主义生态文明创新理论的[J]. 毛泽东邓小平理论研究, 2014(5).

[87] 习近平. 加快国际旅游岛建设谱写美丽中国海南篇[J]. 今日海南, 2013(4).

[88] 申曙光. 生态文明及其理论与实践基础[J]. 北京大学学报(哲学社会科学版), 1994(3).

[89] 李春秋, 王彩霞. 论生态文明建设的理论基础[J]. 南京林业大学学报(人文社会科学版), 2008(3).

[90] 孙彦泉. 生态文明的哲学基础[J]. 齐鲁学刊, 2000(1).

[91] 朱耀垠. 读马克思恩格斯对人与自然关系的论述[J]. 自然辩证法研究, 1996(8).

[92] 王玉宝, 郝爱红. 中国特色社会主义生态文明建设思想渊源[J]. 佳木斯职业学院学报, 2016(5).

[93] 余正荣. 略论马克思和恩格斯的生态智慧[J]. 宁夏社会科学, 1992(3).

[94] 王雨辰. 略论我国生态文明理论研究范式的转换[J]. 哲学研究, 2009(12).

[95] 时青昊. "物质变换"与马克思的生态思想[J]. 科学社会主义, 2007(5).

[96] 胡建. 生态社会主义的历史定位[J]. 哲学研究, 2011(10).

[97] 任俊华. 论儒道佛生态伦理思想[J]. 湖南社会科学, 2008(4).

[98] 杨丽杰, 包庆德, 生态文明建设与环境哲学环境伦理本土化——中国环境哲学与环境伦理学 2017 年年会述评[J]. 哈尔滨工业大学学报(社会科学版), 2017(6).

[99] 杜秀娟, 陈凡. 论马克思恩格斯的生态环境观[J]. 马克思主义与现实, 2008(12).

[100] 张秀芹. 关于马克思生态哲学思想的几个问题[J]. 青海社会科学, 2004(1).

[101] 陈墀成, 洪烨. 物质变换的调节控制——《资本论》中的生态哲学思想探微[J]. 厦门大学学报(哲学社会科学版), 2009(2).

[102] 曲格平. 新中国环境保护工作的开创者和奠基者周恩来[J]. 党的文献, 2000(2).

[103] 叶平. 人与自然: 西方生态伦理学研究概述[J]. 自然辩证法研究, 1991(11).

[104] 周穗明. 关于生态社会主义的一些情况[J]. 国外理论动态, 1994(33).

[105] 宋晓芹. 当代西方社会主义思潮评析[J]. 山东社会科学, 2000(2).

[106] 黄英娜, 叶平. 20 世纪末西方生态现代化思想述评[J]. 国外社会科学, 2001(4).

[107] 石田. 评西方生态经济学研究[J]. 生态经济, 2002(1).

[108] 曾建平. 自然之思——西方生态伦理思想探究[J]. 道德与文明, 2002(4).

[109] 欧初. 略论"天人合一"思想与生态文明[J]. 中华文化论坛, 2000(3).

[110] 何月华. 中国传统文化中的生态智慧[J]. 广西民族大学学报(哲学社会科学版), 2004(S2).

[111] 潘岳. 中国传统文化蕴含着深厚的生态文明[J]. 人民论坛, 2009(1).

[112] 孙伶俐. 浅谈生态文明中的中国传统文化渊源[J]. 长沙铁道学院学报(社会科学版), 2010(4).

[113] 庞昌伟，薛莲，张新. 从中华优秀传统文化中汲取生态文明建设的智慧[J]. 中国经贸导刊，2015(29).

[114] 刘思华. 社会主义生态经济学的主要特点[J]. 学术月刊，1984(5).

[115] 石山. 对农业认识的深化与山区建设[J]. 农业经济问题，1990(8).

[116] 罗必良. 现代生态观的产生及其扩张[J]. 农业经济问题，1987(8).

[117] 李绍东. 论生态意识和生态文明[J]. 西南民族大学学报(哲学社会科字版)，1999(2).

[118] 王谨. "生态学马克思主义"和"生态社会主义"——评介绿色运动引发的两种思潮[J]. 教学与研究，1986(6).

[119] 鞠巍，唐华荣. 基于文化视角的民族地区生态文明公众参与方式研究[J]. 理论与改革，2015(4).

[120] 周易. 再谈社会主义生态文明——访国家环保总局副局长潘岳[J]. 学习月刊，2006(21).

[121] 方世南. 从生态政治视角把握生态安全的政治意蕴[J]. 南京社会科学，2012(3).

[122] 郇庆治. 社会主义生态文明观与"绿水青山就是金山银山"[J]. 学习论坛，2016(5).

[123] 林锡奇. 论熵、环境、发展的统一性[J]. 南昌大学学报(社会科学版)，1997(3).

[124] 刘思华. 关于生态文明制度与跨越工业文明"卡夫丁峡谷"理论的几个问题[J]. 毛泽东邓小平理论研究，2015(1).

[125] 王磊，肖安宝. 中国特色社会主义生态文明建设思想研究综述[J]. 理论导刊，2016(5).

[126] 唐萍萍，胡仪元，陈珊珊. 生态文明建设研究理论述评[J]. 陕西理工大学学报(社会科学版)，2017(3).

[127] 亢凤华，范伟. 话语形态视角下马克思主义中国化的理性跃迁[J]. 福建行政学院学报，2010(1).

[128] 卢风. 地方性知识、传统、科学与生态文明——兼评田松的《神灵世界的余韵》[J]. 思想战线，2010(1).

[129] 张国祚. 关于"话语权"的几点思考[J]. 求是，2009(9).

[130] 蔺雪春. 相互建构的全球环境话语与联合国全球环境治理机制[J]. 南京林业大学学报(人文社会科学版)，2008(2).

[131] 叶淑兰，王玲. 西方媒体"中国环境威胁论"话语建构探析[J]. 国际论坛，2015(6).

[132] 曲格平. 关于可持续发展的若干思考[J]. 世界环境，1995(4).

[133] 曲格平. 论可持续发展与城市发展战略[J]. 上海环境科学，1997(1).

[134] 齐晔，蔡琴. 可持续发展理论三项进展[J]. 中国人口资源与环境，2010(4).

[135] 赵月枝. 全球化背景下的传媒与阶级政治[J]. 文化纵横，2012(3).

[136] 范松楠. 《人民日报》环境议题科学发展话语分析[J]. 青年记者，2016(23).

[137] 金顺福. 试析科学发展观的概念逻辑[J]. 中山大学学报(社会科学版)，2009(1).

[138] 付广华. 环境保护的多重面相：人类学的视角[J]. 国外社会科学，2014(5).

[139] 徐锦峰. 保护好农业生态环境是当前我国环境保护的战略重点[J]. 新疆农业科技，1984(4).

[140] 周生贤. 生态文明建设：环境保护工作的基础和灵魂[J]. 求是，2008(4).

图书在版编目（CIP）数据

走近生态文明／文学禹，黄艳华编著. —长沙：
中南大学出版社，2019.8
　ISBN 978 - 7 - 5487 - 3724 - 7

　Ⅰ. ①走… Ⅱ. ①文… ②黄… Ⅲ. ①生态文明一
普及读物 Ⅳ. ①X24 - 49

　中国版本图书馆 CIP 数据核字（2019）第 185587 号

走近生态文明

文学禹　黄艳华　编著

□责任编辑	彭辉丽	
□责任印制	易红卫	
□出版发行	中南大学出版社	
	社址：长沙市麓山南路	邮编：410083
	发行科电话：0731 - 88876770	传真：0731 - 88710482
□印　　装	长沙雅鑫印务有限公司	

□开　　本	710 mm×1000 mm 1/16　□印张 12　□字数 215 千字	
□版　　次	2019 年 8 月第 1 版　□印次　2020 年 1 月第 2 次印刷	
□书　　号	ISBN 978 - 7 - 5487 - 3724 - 7	
□定　　价	195.00 元